高等学校教材

高分子材料概论

INTRODUCTION TO
POLYMER MATERIALS

肇研　王凯　主编

化学工业出版社
·北京·

内容简介

《高分子材料概论》介绍了常见高分子材料的合成、结构、性能及应用领域，分为绪论、通用高分子材料、工程高分子材料及特种高分子材料四部分。主要内容包括高分子材料的发展简史，合成手段，包含分子链结构及结晶结构在内的结构特点，物理性能、力学性能、热性能、电性能及加工性能在内的性能特性并配以典型牌号的性能指标、应力应变曲线及流变曲线，以及在生产生活中的典型应用。每章后设置思考题，可用于课堂讨论与课后实践。

《高分子材料概论》可作为高分子材料专业本科生、研究生的教学用书，对于从事高分子材料应用及研发工作的技术人员和科研工作者也是很好的参考工具书。

图书在版编目（CIP）数据

高分子材料概论 / 肇研，王凯主编 . —北京：化学工业出版社，2023.3

高等学校教材

ISBN 978-7-122-42884-4

Ⅰ．①高⋯ Ⅱ．①肇⋯ ②王⋯ Ⅲ．①高分子材料-概论-高等学校-教材 Ⅳ．①TB324

中国国家版本馆 CIP 数据核字（2023）第 015315 号

责任编辑：窦 臻 林 媛　　　　　　　封面设计：郝珺旸
责任校对：边 涛　　　　　　　　　　美术编辑：李子姮

出版发行：化学工业出版社（北京市东城区青年湖南街 13 号　邮政编码 100011）
印　　装：北京宝隆世纪印刷有限公司
710mm×1000mm　1/16　印张 13¾　字数 252 千字　2023 年 4 月北京第 1 版第 1 次印刷

购书咨询：010-64518888　　　　　　　售后服务：010-64518899
网　　址：http://www.cip.com.cn

凡购买本书，如有缺损质量问题，本社销售中心负责调换。

定　　价：68.00 元　　　　　　　　　　　　　　　　版权所有　违者必究

　　自古以来，高分子材料一直存在于地球之上，如蛋白质、淀粉、天然纤维、天然橡胶等，都属于高分子材料的范畴。但是，人们真正认识高分子材料始于百年之前。1920年，德国化学家 Hermann Staudinger 在 "Über Polymerisation" 中指出，聚合反应的产物是由化学键连接重复单元形成的分子量很大的聚合物。这些聚合物由成千上万个碳原子通过共价键连接，形成大分子链式结构。由此，高分子材料得到迅速发展，其在生产生活中应用的重要性已经可以与金属材料相媲美。

　　高分子材料性能优异，能够适应多个领域的应用需求。高分子材料密度小，制品便于携带，如日常生活中的相机透镜及眼镜等都使用高分子材料制成。高分子材料自润滑性好，耐磨损，可以制成各种机械零部件，如各种齿轮及滑轮等。高分子材料对酸、碱、盐等恶劣环境的耐腐蚀性好，使其在化工及海洋等苛刻环境领域得到广泛应用。高分子材料加工方法众多，可以加工成型各种形状的制品，如薄膜、容器、型材等。高分子材料呈电绝缘性，在电子工业等领域的用量很大，如线缆防护及家用电器防护等。高分子材料对添加剂的包容性好，可通过添加各种类型的添加剂（如稳定剂、发泡剂、着色剂等）制成功能各异的材料，适应更多领域的应用。针对高分子材料自身性能的不足，还可通过化学接枝或共聚及物理共混等多种方法加以改善。使用玻璃纤维或碳纤维增强后得到的纤维增强聚合物基复合材料在力学性能上得到很大提升，在汽车、船舶及航空航天领域均有广泛的应用。

　　按照材料的受热行为，高分子材料可分为热塑性高分子材料和热固性高分子材料。热塑性高分子材料为线型或支链型结构，在特定温度下能够反复加热软化、冷却硬化，这种过程是可逆的，为物理变化。热固性高分子材料为体型结构，在一定条件（如加热、加压）下能固化成不溶不熔的高分子材料，这种过程是不可逆的，为化学变化。

　　按照产品的使用特性，高分子材料可分为通用高分子材料、工程高分子材料和特种高分子材料三大类。通用高分子材料是一类产量大、价格低、用途广、影响面宽的高分子材料的通称，较为常见的通用高分子材料有聚烯烃、聚氯乙烯、聚苯乙烯、酚醛树脂、氨基树脂、热塑性聚酯、不饱和聚酯和聚氨酯等。工程高分子材料则是一类综合性能较为优良、成本较高，可作为工程材料代替金属制造零部件的一类高分子材料，主要品种有聚酰胺、聚碳酸酯、聚甲醛、聚苯醚、聚甲基丙烯酸甲酯和环氧树脂等。特种高分子材料是一类耐环境性好、力学性能优良的高分子材料，主要包括氟塑料、聚砜、聚苯硫醚、聚芳醚酮、聚酰亚胺及杂萘联苯聚芳醚等。

但是，所有高分子材料不是单一使用的，通常通过各种手段组合起来使用。高分子材料形式众多、功能各异、应用领域广泛的特性来源于其结构的多样性和可设计性。根据材料的基本要素，材料的结构决定着其性能，进而决定制品的应用领域，因此，从结构的角度出发，对高分子材料的性能进行分析，选择其合适的应用领域的思维是相当重要的。

"高分子材料"课程为工科院校高分子及复合材料和有关专业本科生的专业必修课程。本课程为相关专业学生从事专业相关研究与材料工程应用等工作奠定理论基础，通过对高分子材料结构、性能及应用领域的相互关系讲授，使学生系统地掌握各种高分子材料的制备方法、结构与性能的关系和应用领域。有关高分子材料的具体合成方法，请参阅《高分子化学》，高分子材料普适性的结构及性能特点请参阅《高分子物理》。

高分子材料的分类方法众多，不同于传统的塑料、橡胶、纤维等的分类方法，本书仅从化学分子结构的角度入手进行分类介绍，旨在介绍材料的结构与性能及应用的关系。在此基础上，本书以通用高分子材料、工程高分子材料及特种高分子材料三部分进行高分子材料的介绍，主要介绍热塑性高分子材料，兼顾热固性高分子材料、热塑弹性体材料、部分合成纤维及复合材料，重点侧重高分子材料在航空航天领域的应用。

本书由北京航空航天大学肇研、王凯主编。肇研教授拥有多年"高分子材料"及相关专业课程的教学经验。聚苯硫醚、聚芳醚酮和聚酰亚胺三部分内容由王凯编写。杂萘联苯聚芳醚部分由大连理工大学蹇锡高院士及王锦艳教授团队编写。此外，参与本书编写工作的还有刘志威、李学宽、王宇坤、孙铭辰、李冠龙、张思益、赵潇然、张天翼、熊舒、陈俊、李爽、刘寒松、宋九鹏、黄澄玉、陈藩、孙田培、李诗乐、马筱逸、王文格、段子琦、关延飞、张涛、鲁文廓、木拉提江·木合塔尔、周超、李井融、曹悦然、柳舒然、佟骁航、綦思成等肇研教授团队成员。本书测试原材料由金发科技有限公司及上海赛科石油化工有限责任公司提供。本书编写过程中主要参考了王玉琦、申从祥两位教授主编的《塑料材料》及师昌绪院士主编的《材料科学与工程手册·第8篇》。由于上述两本图书出版时间距今已近 20 年，因此在本书编写过程中对相关内容进行了更新。

近年来，高分子材料家族仍在迅速发展，种类包罗万象。在篇幅有限的条件下，本书不能把全部种类的高分子材料编入其中，仅对有代表性的、应用广泛的高分子材料进行介绍。此外，针对每种材料，本书主要介绍了未经改性的纯物质，辅以简介同系物、衍生物及共聚物，对于目前广泛使用的共混改性方法，由于种类繁杂并未进行论述，感兴趣的同仁可参阅相关文献资料。若有不当之处，敬请读者指正。

编者

2022 年 8 月

目录

第 3 章　　　　　　　　　　CHAPTER 3

工程高分子材料
83

第 1 章
绪论

1.1 概述

人类社会的发展，跨越了石器时代、青铜器时代及铁器时代，可以毫不夸张地说，人类社会的发展史就是一部材料的发展史。每一次新材料的重大发现和制造使用，都推动了人类社会向更加先进的阶段发展。步入工业时代以来，材料更成为工业发展的基础，是一个国家科学技术、经济发展及人民生活水平的重要标志之一。自第一次工业革命以来，每一类新型材料的问世，都标志着科技的飞跃和产业的变革，推动工业格局的更新换代。

根据元素周期表中元素的组合形式（图 1.1），材料可以分为金属材料、无机材料及有机材料。金属材料包括黑色金属和有色金属（如轻金属、重金属、贵金属、半金属、稀有金属和稀土金属），大部分来源于天然矿产，还可以制成各种合金材料。无机材料包括玻璃、陶瓷等，部分来源于天然矿产，部分是化学合成的产物。有机材料的基本成分为有机物，可分为烃和烃的衍生物两类，其中，仅含碳、氢两种元素的有机物称为烃，除碳、氢外还含有其它元素的有机物称为烃的衍生物，如含卤素的卤代烃，含氧元素的醇、酚、醛、酮、羧酸等，含氮元素的硝基化合物、胺类、重氮化合物、偶氮化合物、杂环化合物等，含硫元素的含硫衍生物等。按照有机物分子量的不同可将其分为有机小分子化合物和有机高分子化合物两大类，其中有机高分子化合物的分子量往往高达几千至几百万。有机高分子化合物可分为天然高分子化合物和合成高分子化合物两大类，天然高分子化合物包括淀粉、纤维素、天然橡胶和蛋白质等，合成高分子化合物则包括塑料、合成橡胶和合成纤维等。

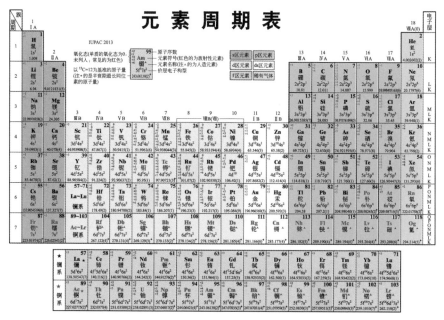

图 1.1　元素周期表

　　从图 1.2 中可看出，20 世纪 40~60 年代，金属材料的地位达到顶峰。60 年代以来，随着工业化进程的深入发展，一系列合成高分子材料应运而生，高分子材料的重要性稳步攀升。目前，高分子材料已经和金属材料同等重要，两者的市场占比均可达到 30% 左右。

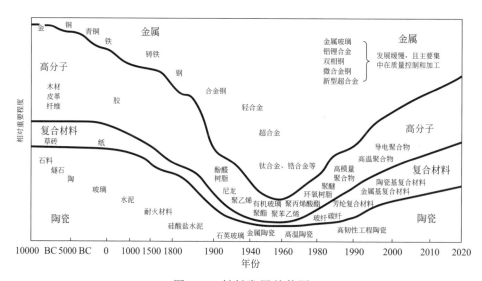

图 1.2　材料发展趋势图

1.2 高分子材料的分类

按照材料的受热行为，高分子材料可分为热塑性高分子材料和热固性高分子材料。热塑性高分子材料为线型或支链型结构，在特定温度下能够反复加热软化、冷却硬化，这种过程是可逆的，为物理变化。热固性高分子材料为三维网状结构，在一定条件（如加热、加压）下能固化成具有不溶不熔特性的高分子材料，这种过程是不可逆的，为化学变化。日常生活中的热固性树脂、橡胶、涂料以及大部分胶黏剂均为热固性高分子材料，而塑料、纤维为热塑性高分子材料。

热固性树脂是一类具有交联结构的高分子材料，通常由多官能单体或预聚物交联聚合得到。由于三维网状结构的存在，树脂固化后不能溶解，加热也不再熔融。通常情况下，热固性树脂固化前黏度较低，容易完全浸润各种固体表面。固化后的树脂具有优良的耐溶剂和耐化学品性能，制成的制件尺寸稳定，蠕变低。1902 年，德国企业 Louis Blumer 生产出第一款酚醛树脂 Laccain®，从此之后，树脂工业的发展突飞猛进，热固性酚醛树脂、氨基树脂、不饱和聚酯、聚氨酯、环氧树脂、双马来酰亚胺树脂、热固性聚酰亚胺树脂等相继问世，在建筑、汽车、电气、航空、航天等领域广泛应用。

橡胶是一类交联的热固性高分子材料，交联点间分子量较大，因此部分链段具有高度活动性，在室温下呈现高弹态，在很小的外力作用下能产生较大形变，除去外力后能恢复原状。早在 15 世纪，人们就从橡胶树等植物中提取天然橡胶。1930 年，德国和苏联的科学家采用丁二烯作为单体，金属钠作为催化剂，合成了丁钠橡胶。将丁钠橡胶与苯乙烯共聚得到丁苯橡胶，它的性质与天然橡胶极其相似。1955 年美国人使用 Ziegler-Natta 催化剂首次用人工方法合成了结构与天然橡胶基本一致的合成橡胶。目前，合成橡胶的产量已经超过天然橡胶，广泛应用于生产生活之中。

涂料是一类通常用作保护层的热固性高分子材料，最早的涂料以动物油脂、植物汁液等为主要原料。1855 年，英国科学家 Alexander Parkes 取得了用硝酸纤维素（硝化棉）制造涂料的专利权，建立了第一个生产合成树脂涂料的工厂。1927 年，美国科学家 R. H. Kienle 成功制备醇酸树脂，醇酸树脂涂料迅速发展为涂料品种的主流。第二次世界大战结束后，合成树脂涂料的品种迅速增多。随着电子技术和航天技术的发展，以有机硅树脂为主的涂料在 50～60 年代飞速发展，在耐高温涂料领域占据重要地位。目前广泛应用的还有酚醛树脂涂料、氨基树脂涂料、环氧树脂涂料、聚酯涂料以及聚氨酯涂料等品种。

胶黏剂是一类以热固性高分子材料为基料，通过加入各种添加剂配制而成的高分子材料，可将两种或多种材料连接在一起。最早的胶黏剂来源于天然的胶黏物质如淀粉、骨胶和矿物蜡等。1937 年，德国化学家 Bayer 首次采用异氰酸酯与多元醇化合物使其发生加聚反应制得聚氨酯树脂。第二次世界大战期间，德国拜耳公司成功用 $4,4',4''$-三苯基甲烷三异氰酸酯粘接金属和合成橡胶，并应用于坦克的履带上，聚氨酯胶黏剂实现工业化生产。相比于焊接、铆接等传统的连接工艺，胶黏工艺不受材料厚度和形状限制，无电化学腐蚀，并具有密封效果。目前广泛应用的胶黏剂种类有环氧胶黏剂、酚醛树脂胶黏剂以及聚氨酯胶黏剂等。

除广泛应用的热固性胶黏剂之外，一种加热可熔融的热塑性胶黏剂，即热熔胶，也备受青睐。热熔胶为一种固体可熔性高分子材料，常温下为固体，加热到一定温度后可熔融成为具有流动性和黏性的液体。常见的热熔胶有聚乙烯、聚酰胺、聚酯等，在服装生产、书刊装订、家具封边等领域广泛应用。

通常情况下，按照内聚能密度分，热塑性高分子材料可分为塑料和纤维两大类，其中，内聚能密度低于 $300\mathrm{J/cm^3}$ 的热塑性高分子材料称为塑料，高于 $400\mathrm{J/cm^3}$ 的称为纤维。

塑料是一类具有线型分子链结构、分子间无化学交联的热塑性高分子材料为基本成分，并配以相应的添加剂如填料、增塑剂、稳定剂、着色剂等，经加工成型后在常温下保持形状不变的材料。加入添加剂的目的在于改善塑料的加工性能或制品的使用性能。1933 年英国 ICI 公司化学家 M. Perrin 成功制得低密度聚乙烯（LDPE），并于 1937 年实现工业化生产。紧接着，在 20 世纪 40 年代，塑料工业飞速发展，目前通用塑料如聚丙烯、聚苯乙烯、聚氯乙烯，热塑性酚醛树脂和热塑性聚酯等在这期间均已实现工业化生产。进入 20 世纪 50 年代，拥有良好的力学性能和尺寸稳定性，且在高低温下均能保持优良性能，可用作工程制件的塑料如聚酰胺、聚甲醛、聚碳酸酯、聚苯醚和聚甲基丙烯酸甲酯等成功开发。20 世纪 60 年代更高性能的塑料材料不断涌现，如氟塑料、聚砜、聚苯硫醚、聚醚醚酮和热塑性聚酰亚胺等。进入 21 世纪，塑料材料的家族仍在不断丰富，新型高性能塑料材料如杂萘联苯聚芳醚等层出不穷。

纤维是一类长度远大于直径的丝状材料。人们最早使用的纤维是棉、麻、丝等天然纤维。1884 年，法国化学家 Chardonnet 通过模拟蚕吐丝过程首次成功将硝酸纤维素制成纤维，并于 1891 年实现工业化生产，这标志着大规模生产人造纤维的开始。1935 年，美国化学家 Carothers 首次制备了聚己二酰己二胺纤维，并于 1939 年由美国 DuPont 公司实现工业化生产，商品名为 Nylon 66，由此纤维材料进入了合成纤维时代。紧接着，20 世纪 40 年代，聚酯纤维实现工业化生产，60 年代美国 DuPont 公司实现了芳纶纤维产业化，1990 年荷兰 DSM 公司实现了超高分子量聚乙烯纤维的工业化生产，标志着高性能有机纤维时代的开始。目前，合成纤维已成为纤维材料中产量最高、用途最广的一类，占纤维总量的 90% 以上。

在高分子材料的应用领域中，聚合物基复合材料是一种不可忽视的材料形式。复合材料是指用两种或两种以上不同性质或不同形态的材料，通过复合工艺组合而成的多相材料。通常复合材料中至少有两相，其中一相为连续相，称为基体，另一相为分散相，称为增强体。在聚合物基复合材料中，作为基体的高分子材料通常具有良好的综合性能，且对增强体具有较强的粘接力。使用聚合物基复合材料代替金属材料，可以显著降低结构重量。和传统的钢、铝合金等结构材料相比，聚合物基复合材料的密度约为钢的 1/5，铝合金的 1/2，比强度、比模量明显提高。除此之外，对于形状复杂的大型制件，使用聚合物基复合材料能实现一次成型，从而明显减少零件数目，简化制造工序，大量节省原材料。因此，聚合物基复合材料在体育用品、汽车工业乃至航空航天等领域得到广泛应用。目前，作为结构材料的高性能纤维增强聚合物基复合材料所用的基体多为热固性树脂，包括环氧树脂、酚醛树脂、双马来酰亚胺树脂、热固性聚酰亚胺等，热塑性树脂如聚丙烯、聚酰胺等也得到开发并投入应用，尤其是聚苯硫醚、聚醚醚酮、聚醚酰亚胺以及聚醚胺酰亚胺等与高性能玻璃纤维、碳纤维复合制备的纤维增强聚合物基复合材料，由于其优异的综合性能在航空航天领域得到广泛应用。

按照产品的使用特性，高分子材料可分为通用高分子材料、工程高分子材料和特种高分子材料三大类。通用高分子材料是一类产量大、价格低、用途广、影响面宽的高分子材料的通称，较为常见的通用高分子材料有聚烯烃、聚氯乙烯、聚苯乙烯、酚醛树脂、氨基树脂、热塑性聚酯、不饱和聚酯和聚氨酯等。工程高分子材料则是一类综合性能较为优良、成本较高，可作为工程材料代替金属制造零部件的一类高分子材料，主要品种有聚酰胺、聚碳酸酯、聚甲醛、聚苯醚、聚甲基丙烯酸甲酯和环氧树脂等。特种高分子材料是一类耐环境性好、力学性能优良但成本较高的高分子材料，主要包括氟塑料、聚砜、聚苯硫醚、聚芳醚酮、聚酰亚胺及杂萘联苯聚芳醚等。

本书主要介绍上述通用高分子材料、工程高分子材料和特种高分子材料，以热塑性高分子材料为主，兼顾热固性高分子材料、热塑弹性体材料、部分合成纤维及复合材料。

1.3　高分子材料的其它组分

高分子材料是以聚合物为基本组分，配合各种添加剂得到的一类材料，加入添加剂的目的是改善高分子材料的加工性能以及制品的使用性能。增强体是一类能够提升制品力学性能的添加剂，通常为颗粒状或纤维状（短切的或连续的），添加进高分子材料基体后使得材料具有较高的强度和模量，在承受外加载荷时具有承载能力。

1.3.1　添加剂

添加剂的种类很多，在使用过程中应根据具体需要，选择并确定添加剂的种类和数量。适用于高分子材料的添加剂主要有改善体系稳定性的抗氧剂、热稳定剂、光稳定剂，改善阻燃性的阻燃剂，改善表面性能的着色剂、抗静电剂，使制品轻质化的发泡剂，改善加工性能的增塑剂、脱模剂和润滑剂以及为降低生产成本而加入的填充剂等。

（1）添加剂的基本要求

① 添加剂的相容性　添加剂往往通过物理共混的方式分散于高分子基体之中，因此，添加剂的改性效果取决于二者的相容性，可通过混合热的相对值、极性相似相容以及溶度参数相近相容的规律对添加剂进行筛选。

② 添加剂的毒性　添加剂需要无毒无污染，当高分子材料用于食品包装和儿童玩具时，应符合相应的安全标准。

③ 除此之外，添加剂的迁移和消耗、相互协同作用和制约作用以及耐久性也是对添加剂的基本要求。

（2）添加剂的种类

① 改善稳定性的添加剂　这类添加剂的功能主要是改善高分子材料在贮存、成型加工和使用过程中的稳定性，防止老化变质，因此可统称为稳定剂。引起高分子材料老化的因素有氧、热、光、高能辐射和微生物等，老化机理各不相同，因此稳定剂种类很多，主要有抗氧剂、光稳定剂、热稳定剂等。在聚合、加工和储存过程中，高分子材料受热、光和氧的作用而发生氧化，使大分子发生主链断裂或交联，导致力学性能下降。能减缓这种高分子材料氧化反应速率的稳定剂称为抗氧剂。抗氧剂按功能可分为链终止型和预防型两类，按化学结构可分为胺类、酚类、含硫化合物类、含磷化合物类、有机金属盐类等多种。另外，高分子

材料曝露在日光或强的荧光下，由于吸收了紫外光能量，往往会引发氧化反应，导致降解，使制品的外观和力学性能劣化，这一过程称为光氧化或光老化。凡是能够抑制这一过程的稳定剂称为光稳定剂，也称紫外光稳定剂。对光稳定剂性能的基本要求是能强烈吸收 290～400nm 波长的紫外光，或能有效地猝灭激发态分子的能量，或具有足够的捕获自由基的能力，光稳定性优良，在长期曝晒下不遭破坏等。光稳定剂按其作用机理可分为光屏蔽剂、紫外线吸收剂、猝灭剂和自由基捕获剂四类。光屏蔽剂主要有炭黑、氧化锌和一些无机颜料，紫外线吸收剂主要有水杨酸酯类、二苯甲酮类、苯并三唑类、取代丙烯腈类、三嗪类等有机化合物，猝灭剂主要是镍的有机络合物，自由基捕获剂主要是受阻胺类衍生物。广义上来说，凡是能够改善聚合物热稳定性的添加剂都称为热稳定剂。一般按照热稳定剂的化学组分来进行分类，可以分为碱式铅盐、金属皂、有机锡、环氧化合物、亚磷酸酯、多元醇等。若按作用大小可将稳定剂分为主稳定剂和辅助稳定剂。辅助稳定剂本身只有很小的稳定作用或没有热稳定效果，但它和主稳定剂并用具有协同效应，主稳定剂一般是含有金属的热稳定剂。环氧化合物、亚磷酸酯、多元醇等纯有机化合物一般是作为辅助稳定剂使用。

② 改善阻燃性的添加剂　这类添加剂的功能是改善高分子材料的阻燃性，通常称为阻燃剂，主要作用效果为提高高分子材料的耐燃性和自熄性。对阻燃剂性能的基本要求是不损害高分子材料的力学性能，特别是不降低热变形温度、强度和电性能，分解温度应适应进行阻燃加工的高分子材料的需要，即分解温度不应太高，但同时又需要满足在加工温度下不会发生分解，耐久性好，耐候性好，成本低廉。阻燃剂大多是氮、磷、锑、铋、氯、溴、硼、铝的化合物。此外，硅和钼的化合物也可作为阻燃剂。其中最常用的是磷、溴、氯、锑和铝的化合物。通常将阻燃剂分为添加型和反应型两大类。添加型阻燃剂主要有磷酸酯、卤代烃和氧化锑等，它们在使用时简单地掺和在高分子材料中，但对高分子材料制品的使用性能有较大影响。反应型阻燃剂主要有卤代酸酐和含磷多元醇等，它们在高分子材料制备过程中作为原料单体之一，通过化学反应成为高分子链的一部分，因此对制品的使用性能影响小，阻燃性持久。

③ 改善表面性能的添加剂　这类添加剂的功能主要是改善制品的外观、色泽、透明度、抗静电性等表面性能。具有这种作用的添加剂主要有着色剂、抗静电剂等。

④ 使制品轻质化的添加剂　能够使处于一定黏度范围内的高分子材料形成微孔结构的物质称为发泡剂。在发泡过程中根据气泡产生的方式，可分为物理发泡剂和化学发泡剂两类。物理发泡剂在发泡过程中通过物理形态的变化（如压缩

气体的膨胀、液体的挥发或固体的溶解）产生气孔，化学发泡剂在发泡过程中通过化学反应分解产生一种或多种气体产生气孔。目前除了少数使用氮气和氟里昂这类惰性气体的物理发泡剂外，一般都采用化学发泡剂。化学发泡剂又可分为无机发泡剂和有机发泡剂两类。无机发泡剂主要有碳酸氢钠、碳酸铵、亚硝酸铵、硼氢化钾及过氧化氢等，有机发泡剂主要有偶氮化合物、亚硝基化合物、酰肼类化合物及尿素衍生物等，其中尤以偶氮化合物最为重要。

⑤ 改善成型加工性能的添加剂　这类添加剂的功能主要是改善高分子材料在成型加工过程中的性能，如流动性、脱模性等。具有这种作用的添加剂主要有增塑剂、脱模剂、润滑剂等。在高分子基体中加入增塑剂可以增进材料的柔韧性，降低熔体黏度，提高流动性。增塑剂的存在使聚合物分子间作用力减弱或使大分子链容易旋转，进而使聚合物的玻璃化转变温度或熔融温度范围向较低温度移动。凡能改善高分子材料在加热成型时的流动性和脱模性的物质称为润滑剂。除一般概念的润滑剂外，从广义上说，脱模剂、防粘剂、光泽剂等均属润滑剂的范畴。润滑剂根据其作用方式可以分为内润滑剂和外润滑剂两大类，内润滑剂用于减少高分子链间的内聚力，具有加速熔融，降低熔融黏度，延长加工寿命，改善流动性的作用，外润滑剂主要用来防止熔融聚合物黏附于热加工设备表面。润滑剂的内外润滑功能由它的化学组成、极性及在高分子熔体中的可溶性决定。根据化学组成的不同，润滑剂可以分为烃类、脂肪酸类、脂肪酸酰胺类、酯类、醇类、金属皂类和复合润滑剂等。

1.3.2 增强体

增强体一般是指加入高分子材料中用以改善其综合性能的固体物质，通常具有提高强度、模量等力学性能的作用。

（1）增强体的基本要求

增强体要求分散性好，在高分子材料中具备大填充量的潜力，不能显著降低高分子材料的加工性能，耐水性、耐热性、耐化学腐蚀性和耐光性优良，不影响其它添加剂的分散性和效能，不与它们发生有害的化学反应。

（2）增强体的种类

按照外观形状，增强体主要可以分为颗粒状增强体和纤维状增强体。其中纤维状增强体包括短切纤维增强体和连续纤维增强体。短切纤维的长度一般为几到几十毫米，在高分子材料中一般无序分布，得到的材料具有各向同性。连续纤维增强体在高分子材料中连续分布，可根据实际需要设计不同铺层沿不同方向分布，实现材料力学性能的可设计性。

① 颗粒状增强体　因颗粒尺寸的不同分为微米级、亚微米级和纳米级。随着纳米科技的发展，纳米颗粒（nano-particle，尺寸范围定在 $1\sim100nm$）是颗粒增强体系的典型代表。由于纳米颗粒尺寸小，比表面积大，表面能和表面张力随着颗粒直径的下降明显上升，表现出小尺寸效应、表面效应、量子尺寸效应和宏观量子隧道效应，在宏观上表现出独特的性质，展示了广阔的应用前景。但是由于纳米颗粒的比表面积大，极易发生颗粒团聚，因此解决纳米颗粒的分散性问题是发挥纳米颗粒特殊性质的关键。用于增强高分子材料的纳米颗粒很多，其中无机纳米颗粒应用最为广泛。种类主要有金属盐类、非金属氧化物、金属氧化物和碳纳米材料等。常见的无机纳米颗粒有纳米碳酸钙、纳米二氧化硅、纳米蒙脱土、纳米二氧化钛、碳纳米管、氧化石墨烯、还原氧化石墨烯等。

② 纤维状增强体　具有较大的长径比，其主要种类包括玻璃纤维、碳纤维、芳纶纤维、超高分子量聚乙烯纤维以及碳化硅纤维等。

玻璃纤维是以石英砂、石灰石、白云石、石蜡等组分制备玻璃后，经熔融拉丝而成的一种纤维材料。玻璃纤维的主要特点是不燃不腐，耐热性及拉伸强度高，断裂伸长率较小，具有良好的电绝缘性及低的热膨胀系数。目前广泛应用的玻璃纤维包括高强度玻璃纤维、石英玻璃纤维和高硅氧玻璃纤维等高性能纤维。其中高强度玻璃纤维应用广泛，如防弹头盔、防弹服、飞机机翼、预警机雷达罩及性能优异的轮胎帘子线等。石英玻璃纤维和高硅氧玻璃纤维同属于耐高温的玻璃纤维，可作为理想的耐热防火材料，例如，用石英玻璃纤维和高硅氧玻璃纤维增强酚醛树脂可制成各种结构的耐高温、耐烧蚀复合材料，应用于火箭、导弹的防热层。

碳纤维是经碳化工艺除去原丝中的氢、氧等元素，进而得到的一种接近纯碳的纤维材料，含碳量一般在 90% 以上。根据原丝种类的不同，碳纤维主要分为聚丙烯腈基碳纤维、沥青基碳纤维、黏胶基碳纤维等。在碳化过程中纤维进行了沿轴向的预拉伸处理，使得分子沿轴向进行取向排列，因此其轴向拉伸强度较大，同时具备了轻质、高强度、高模量、化学性能稳定的优点。碳纤维主要是为满足航空航天领域对高性能材料的要求而发展起来的一种高性能纤维，随着碳纤维复合材料的优异性能被越来越多的人认识和接受，碳纤维在能源、交通、海洋、建筑、体育用品及其他工业部门得到广泛的应用。

芳纶纤维是芳香聚酰胺纤维的简称，主要有两类，一类是聚对苯二甲酰对苯二胺（PPTA）纤维，如美国 DuPont 公司的 Kevlar-49、荷兰 ENKA 公司的 Twaron HM、中国的芳纶 1414 等，另一类为聚对苯甲酰胺（PBA）纤维，如 Kevlar-29、芳纶 14 等。这是一类具有高强度、高模量、耐高温、低密度等优异性能的新型材料。芳纶纤维主要用于航空、航天、造船和医疗器械等。例如，芳纶1414被应用于国防军工等尖端领域。为适应现代战争的需要，许多国家的防弹衣、防弹头盔、装甲板等均大量采用了芳纶1414材料。在防弹衣中，由于芳纶纤维强度高，韧性和编织性好，能将子弹的冲击能量吸收并分散转移到编织物的其它纤维中去，避免造成"钝伤"，达到显著的防护效果。

超高分子量聚乙烯纤维是以超高分子量聚乙烯为原料，采用凝胶纺丝方法，通过超倍拉伸技术制得的纤维。超高分子量聚乙烯纤维与其它纤维相比，具有原料价廉、质量轻、耐冲击、介电性能高等优点，其介电常数和介电损耗非常小，是制造雷达天线罩、光纤电缆加强芯的最优选择之一，在现代化战争和航空航天、海域防御、武器装备等领域发挥着举足轻重的作用。由于其高比强度、高比模量和高抗冲击的优异特性，超高分子量聚乙烯纤维比能量吸收大，用其增强的树脂基复合材料制成的防弹、防暴头盔已成为钢盔和芳纶增强的复合材料头盔的替代品

碳化硅纤维是一种典型的陶瓷纤维，目前应用的碳化硅纤维包括CVD碳化硅纤维（即用化学气相沉积法制造的有芯、连续、多晶、单丝纤维）、Nicalon碳化硅纤维（即用先驱体转化法制造的连续、多晶、束丝纤维）和碳化硅晶须（即用气-液-固法制造的具有一定长径比的单晶纤维）。碳化硅纤维具有高比强度、高比模量、高温抗氧化性、优异的耐烧蚀性、耐热冲击性，已在空间和军事工程中得到应用。

1.4 高分子材料的成型加工

高分子材料的成型加工是将各种形态的物料等转变成为具有固定形状制品的过程，这个过程包括两个步骤，首先使物料软化或流动，并取得所需要的形状，然后进行固化以保持所取得的形状成为制品。

热塑性高分子材料的成型加工过程是通过加热熔融，添加特定功能的添加剂后冷却凝固成为所需要的制品。热固性高分子材料由于黏度较低，在加热加压的条件下，需要加入固化剂辅助成型。连续纤维增强热塑性高分子材料的成型过程通常是将热塑性高分子材料加热熔融后加入连续纤维进行复合，之后冷却凝固，而对于热固性高分子材料通常是将含有固化剂的树脂与连续纤维进行浸润、定型，制成预浸料，在低温环境下保存，防止其发生固化交联，在进行铺层设计后，加热加压进行成型加工。

1.4.1 高分子材料的加工特性

高分子材料在成型加工过程中所表现出来的许多性质和行为是由材料本身的特性所决定的。高分子材料能被成型加工成一定形状的制品归因于其优良的成型加工性，包括流变性、延展性、黏弹性、挤压性和模塑性等。正是因为具有这些特性，高分子材料才能适宜于各种成型加工技术。

（1）流变性

高分子材料的流变性与其黏度及温度有关。流变性是高分子材料成型加工的最基本的工艺特征，对成型最佳工艺条件的确定，成型设备及模具的设计，以及提高制品的品质都具有重要的作用。

（2）延展性

高分子材料在一个方向或两个方向上受到压延或拉伸时变形的能力称为延展性。高分子材料的延展性来自其大分子的长链结构和柔性。当高分子材料在玻璃化转变温度到熔融温度（或黏流温度）的温度区间受到大于屈服强度的拉力作用时，就产生宏观的塑性延伸形变。

（3）黏弹性

弹性是指物体在外力作用下发生形变，当外力撤消后能恢复原来大小和形状的性质，而黏性则是指物体在外力作用下发生形变，当外力撤消后不能恢复原来大小和形状的性质。高分子材料的分子链结构运动是逐步进行的，导致其并非单纯的弹性和黏性，而是两者综合的性能，即黏弹性。

（4）挤压性

高分子材料通过挤压作用变形时获得形状和保持形状的能力称为挤压性。高分子材料在成型过程中经常受到挤压作用，例如在挤出机和注射机的料筒中以及在模具中等，处于黏流态的高分子材料能通过挤压获得有效的形变。如果挤压过程中高分子材料的熔体黏度很低，虽然具有良好的流动性，但保持形状的能力较差，相反，如果熔体黏度很高，则会造成流动困难，不易成型。

（5）模塑性

高分子材料在温度和压力的作用下形变的能力称为模塑性，利用模塑性可使高分子在温度和压力作用下充满模腔，从而模压成型为各种制品。

1.4.2 高分子材料的成型加工工艺

高分子材料的成型加工工艺多样，对于热塑性高分子材料，主要包括注射成型、挤出成型、吹塑成型、热压成型等。

（1）注射成型

注射成型又称为注射模塑、注塑，是高分子材料在注射机料筒中塑化后，由螺杆或柱塞注射到闭合模具的模腔中形成制品的成型方法。

（2）挤出成型

挤出成型又称为挤出模塑成型、挤塑，是借助螺杆或柱塞的挤压作用，使受热熔融的高分子材料在压力推动下强行通过口模成为具有恒定截面的连续型材的成型方法。

（3）吹塑成型

吹塑成型是把压缩空气吹进高分子材料坯料中，使坯料胀大成特定形状，以得到中空或薄膜制品的成型方法。

（4）热压成型

热压成型属于二次加工的一种成型方法，是一种将已经成型的高分子材料板材作为原材料，通过加热进行加工得到制品的方法。

对于热固性高分子材料和复合材料，其成型工艺主要包括热压罐成型、缠绕成型、液体成型等。

① 热压罐成型　热压罐是具有整体加热系统的大型压力容器，能够提供高温和高压。热压罐成型是将高分子材料和模具一起放置在热压罐中，经历一定的温度和压力变化过程得到制品的成型方法，通常使用预浸料进行铺层放置。预浸料是用树脂基体在加热加压的条件下浸渍连续纤维或织物，制成树脂基体与纤维增强体的预成型体，是制造复合材料的中间材料。

② 缠绕成型　缠绕成型是将连续纤维经过浸胶后，按照一定的方式缠绕到芯模上，然后在一定温度下固化，制成一定形状的制品，也可使用预浸带直接进行缠绕。自动铺带技术是一种自动化成型技术之一，集预浸带剪裁、定位、铺叠、压实等功能于一体，且具有工艺参数控制和质量检测功能的集成化数控成型技术。自动铺丝技术作为缠绕和铺带技术的改革提出，在复杂结构制备上的优势更加明显，更多地用于复合材料机身结构制造。

③ 液体成型　液体成型（LCM）是指以树脂传递模塑（RTM）为代表的成型技术，首先在模腔中放置增强材料预成型体，再采用注射设备将专用树脂体系注入闭合模腔，通过树脂流动排出模腔内的气体同时浸润纤维，再加热固化、冷却脱模，得到成型制品。在复合材料制备过程中，预成型体一般为连续纤维的机织物，但随着工艺的发展，在预成型体的制备过程中也会加入定型剂等组分使浸润过程中纤维不被冲散，更好地保证制品的尺寸稳定性。

1.5 高分子材料的性能

与金属材料相比，高分子材料具有密度小，比强度高，耐环境性良好，可设计性强，容易加工，生产效率高等优点。高分子材料的性能主要取决于其高分子链结构以及聚集态结构等。

高分子材料的链结构包括近程结构及远程结构两部分。近程结构是指链结构单元的化学组成、键接方式、空间立构、支化和交联等。远程结构是指高分子链尺寸（分子量）及分子链形态（构象）等。其中，高分子材料的平均分子量直接影响高分子材料的力学性能。平均分子量越大，分子链越长，分子间相互缠绕的内聚作用增加，分子间的引力加大，表现为材料柔顺性增加，脆性下降，强度、模量、冲击强度和耐磨性均有提升。

高分子材料的聚集态结构是指高分子链的堆砌结构，是决定高分子材料本体性质的重要因素。固态高分子材料的聚集态分为晶态和非晶态。晶态是指高分子材料链与链之间平行排列且紧密堆积的状态，非晶态是指高分子材料的链构象长程无序，分子链之间无规缠结的均相状态。分子链的结构对称性和构型规整性越高，结晶能力越强。无规共聚、支化和交联过程会显著破坏高分子链的对称性和规整性，使高分子材料迅速失去结晶能力，呈现无定形态（非晶态），这类高分子材料的模量-温度曲线如图1.3所示。绝大部分高分子材料都是部分结晶的，其模量-温度曲线如图1.4所示。

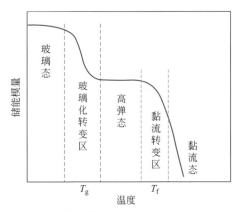

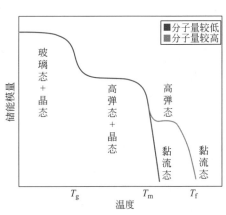

图 1.3　无定形态（非晶态）高分子的
模量-温度曲线

图 1.4　结晶高分子的
模量-温度曲线

高分子材料在外力作用下的力学行为介于弹性和黏性之间，应力同时依赖于应变和应变速率，这种特性称为黏弹性，黏弹性是由于高分子材料的长分子链引起的，是高分子材料的特性。高分子材料具有蠕变和应力松弛现象。蠕变是指高分子材料在一定温度和低于断裂强度的恒定应力作用下，应变随时间逐渐增大的现象。应力松弛则是指在一定温度下，高分子材料维持恒定应变所需的应力随时间的延长逐渐衰减的现象。

与其它材料相比，高分子材料的刚度和强度较低，但韧性优良，断裂伸长率较高。典型的应力-应变曲线主要有刚而脆、刚而强、刚而韧、软而韧和软而弱五类。

1.5.1 物理性能

高分子材料的物理性能包括密度、吸水率、硬度、摩擦特性和光学特性等。

（1）密度

密度是指在规定的温度下单位体积物质的质量。高分子材料的密度在 $0.83 \sim 2.2 \mathrm{g/cm^3}$ 之间，比金属（铝 $2.1 \mathrm{g/cm^3}$，铁 $7.8 \mathrm{g/cm^3}$）及无机非金属材料（陶瓷 $2.5 \sim 3.4 \mathrm{g/cm^3}$，玻璃约 $2.5 \mathrm{g/cm^3}$）的都小，因此质轻是高分子材料的重要特点。高分子材料中密度最小的是聚甲基戊烯（TPX），此外，发泡后的高分子材料泡沫的密度更小，约为 $0.01 \sim 0.5 \mathrm{g/cm^3}$。

（2）吸水率

吸水率是指高分子材料在一定的时间内，浸泡在一定温度的水中对水的吸收程度，测试原理是将试样浸入 $23℃$ 蒸馏水中或沸水中，或置于相对湿度为 50% 的空气中，在规定温度下放置一定时间，测定试样开始试验时与吸水后的质量差异。吸水率的大小与高分子材料的分子结构密切相关，影响制品的加工性能及力学性能。例如聚酰胺主链上含有亲水的—CONH—基，因此具有高吸水性，吸水后制品内部产生缺陷，导致力学性能降低，尺寸稳定性变差。

（3）硬度

高分子材料的硬度是材料表面对外力作用的反应，实际测试过程中因施加力的方式不同而分为抗刮痕性和抗压陷性。

抗刮痕性的判据是莫氏硬度（Mohs hardness），莫氏硬度从 1 到 10 抗刮痕性递增，高分子材料的莫氏标度在 $2 \sim 3$ 之间。

压陷硬度是材料表面抵抗其它硬物压入的一种性能，反映材料表面局部抗挤压极限强度。材料试验中常用的是布氏硬度（Brinell hardness）、邵氏硬度（Shore hardness）和洛氏硬度（Rockwell hardness）。一般而言，布氏硬度适用于硬度值较高的高分子材料，邵氏硬度适用于硬度值较低的高分子材料，而洛氏硬度应用范围较广，软硬不同的高分子材料均可测试。

（4）摩擦特性

摩擦是指当两个相互接触的物质之间有相对运动或者相对运动趋势时，其接触表面上产生的阻碍相对运动的机械作用。磨耗是指物体在相互摩擦的过程中，其接触表面的物质不断损失的现象。高分子材料的摩擦系数和磨耗因子受到载荷、接触面积、表面结构、滑动速度、温度及润滑剂等一系列因素的影响。一般而言，提高负荷、滑动速度及温度，摩擦系数和磨耗会增大，提高表面光洁度、硬度以及加入润滑剂可降低摩擦系数和减小磨耗。

（5）光学特性

透光率以透过材料的光通量与入射的光通量之比的百分数表示，一般情况下，无定形高分子材料具有良好的光透射性，结晶性高分子材料一般不透明。在高分子材料中，聚苯乙烯、热塑性聚酯、聚碳酸酯、聚甲基丙烯酸甲酯以及聚砜均呈透明色，其中，聚甲基丙烯酸甲酯和聚碳酸酯作为透明材料已逐渐取代无机玻璃而广泛应用。

1.5.2　力学性能

高分子材料的力学性能包括拉伸强度和模量、冲击强度、弯曲强度等。

（1）拉伸强度和模量

拉伸强度是指在拉伸试验过程中，试样到破坏为止所承受的最大拉伸应力；拉伸模量是指在比例极限内，材料所受应力与产生的相应应变之比。测试原理为，沿试样纵向主轴恒速拉伸，直到断裂或应力或应变达到某一预定值，测量在这一过程中试样承受的负荷及其伸长。

高分子材料的拉伸强度和模量低于金属材料，而且对加载速率和环境温度有明显依赖关系，因而要讨论高分子材料的力学性能必须遵循黏弹性理论，考虑其松弛特性，使用时应考虑大应力短时间和小应力长时间两种情况。

高分子材料的分子链很长，主要以折叠链的形式存在，其力学性能优势并没有充分发挥，改善分子链排布状态的凝胶抽丝和超拉伸等工艺，操作复杂且成本很高，采用纤维等增强体提升高分子材料强度和模量的方法更为实用。

（2）冲击强度

冲击强度指某一标准试样断裂时在单位面积上所消耗的能量。高分子材料的结晶、取向及内应力存在的程度都会在冲击强度上反映出来，是衡量工艺影响的一个重要指标。冲击强度有缺口冲击强度和无缺口冲击强度两种，试验方法分为简支梁冲击试验及悬臂梁冲击试验两种，实际测试时应根据不同使用情况确定实验方法。简支梁冲击试验为用已知能量的摆锤打击支撑成水平梁的试样，由摆锤一次冲击使试样破坏，冲击线位于两支座正中，若为缺口试样则冲击线应正对缺口，用冲击前后摆锤的能量差，以确定试样在破坏时所吸收的能量，然后按照试样的原始横截面积计算其冲击强度。悬臂梁冲击试验由已知能量的摆锤一次冲击支撑成垂直悬臂梁的试样，测量试样破坏时所吸收的能量，冲击线到试样夹具为固定距离，对于缺口试样冲击线到缺口中心线为固定距离。

对于冲击变形，如果材料本身能局部地做出快速反应吸收冲击能量，便可以认为具有耐冲击性。聚碳酸酯和聚苯醚有良好的耐冲击性，原因在于主链中含有比较容易旋转的 C—O 键，结晶性高分子中非晶区域的存在也能赋予材料耐冲击性，提高结晶度，则会使冲击强度下降。

（3）弯曲强度

材料的抗弯曲性能主要以弯曲强度进行表征，指材料在弯曲负荷作用下破裂或达到规定弯矩时能承受的最大应力，测试原理为试样在两个支点的支撑下，用一点或两点对试样施加静态载荷，测定其静态弯曲性能。

1.5.3 热性能

高分子材料的热性能包括热物理性能、热变形性、燃烧性能、热膨胀性能等。

（1）热物理性能

比热容是单位质量的物质温度升高一摄氏度所需的热量，用温差法标定。结晶性高分子的比热容比非晶性高分子高，在熔点附近突然增大，这是因为加热结晶性高分子时，热量不仅消耗在温度的升高上，也消耗在相态的转变上。

热导率或热传导率是单位时间流过单位距离的热量，与温度梯度成比例，作为隔热材料使用的高分子材料，要求绝热性好，热导率要低。

热扩散率也称导温系数，是当材料加热时，温度上升所需热量的计算及其传导性的定量表示，高分子材料的热输送速度很低，是热的不良导体。

（2）热变形性

与小分子不同，高分子材料中存在链段这一运动单元，导致高分子材料的热运动表现不同。高分子材料的热运动状态可以通过以下特征温度来界定。玻璃化转变温度是高分子材料由玻璃态转变为高弹态的温度点，用符号 T_g 表示，此时高分子材料中链段开始自由运动，材料呈现高弹性。熔融温度是指结晶性高分子材料发生熔融的温度，用符号 T_m 表示。黏流温度是高分子材料由高弹态转变为黏流态的温度点，用符号 T_f 表示，此时分子链间的凝聚缠结解开，分子链整链自由运动，材料呈现黏弹性。脆化温度是指处于玻璃态的高分子材料在冲击载荷作用下变为脆性破坏的温度，一般是把在规定冲击条件下有 50% 试样产生脆性破坏的温度确定为脆化温度，用符号 T_b 表示。分解温度指处于黏流态的高分子材料分子链发生明显降解时的温度，用符号 T_d 表示。

对高分子材料施加一定的负荷，以一定的速度升温，当达到规定形变时所对应的温度即为热变形温度。热变形温度是衡量高分子材料耐热性的重要指标，也是制品在使用时需重点关注的性能指标。

（3）燃烧性能

绝大多数高分子材料都易燃，在空气中燃烧时，除有炙热的火焰外，还会伴有浓烟或有毒的气体。在电子、电气行业中使用的高分子材料制件常在高压、发热、放电等条件下工作，容易引起火灾，必须重视材料的燃烧性能。

燃烧性能常用氧指数进行表征，是指在规定的条件下，刚好能维持材料燃烧所通入的 23℃±2℃ 氧氮混合气中以体积分数表示的最低氧浓度。氧指数高表示材料不易燃烧，氧指数低表示材料容易燃烧，故氧指数越高表明阻燃性能越好。测试原理为将试样竖直地夹持在透明的燃烧桶中，使氧、氮混合气流由下而上以层流的方式流过，点燃试样顶端，火焰接触顶面最长时间 30s，并每隔 5s 移开一次，观察试样随后的燃烧情况，在不同氧浓度中实验一组试样，以测定刚好维持试样平稳燃烧时的最低氧浓度，在该氧浓度下，受试材料的试样有 50%，其燃烧情况至少超过规定的判据之一。

（4）热膨胀性能

将已测试原始长度的试样装入石英膨胀计中，然后将膨胀计先后插入不同温度的恒温浴内，在试样温度与恒温浴温度平衡，千分表指示值稳定之后，由试样膨胀值和收缩值即可计算试样的线膨胀系数。高分子材料也遵循热胀冷缩的规律。高分子材料的线性热膨胀系数比普通金属大 2~10 倍。除受本身结构影响外，高分子材料的线性膨胀系数还受含湿量变化、增塑剂损失、应力消除等影响。材料收缩易引起尺寸变化，是制品加工过程中需重点关注的性能参数。

1.5.4 电性能

高分子材料的电性能包括导电性能及介电性能等。

（1）导电性能

就高分子材料而言，由于其内部没有自由电子和离子，所以导电能力很低，大多数是优良的绝缘材料。但由于表面附有外来的导电物质如水汽等，会对材料的电阻率产生影响。

（2）介电性能

高分子材料在外电场作用下贮存和损耗电能的性质称介电性能，这取决于材料的极化程度。极化程度越大，电容量越大，介电性能越好。

1.5.5 耐环境性能

高分子材料的耐环境性能包括耐紫外光性、耐酸碱性、耐有机溶剂性以及耐辐射性等。

（1）耐紫外光性

高分子材料使用中受到阳光照射时，由于吸收紫外光能而引起大分子断链、交联等化学反应，性能变劣。光稳定性差的高分子材料必须加光稳定剂加以防护。

（2）耐酸碱性

耐酸碱性的优劣由高分子材料的结构性质决定。一般而言，高分子材料能耐弱酸、弱碱和盐的溶液，而有强氧化作用的酸可化学侵蚀高分子材料，引起褪色和脆裂。不含极性基团的高分子材料，对酸碱等化学药品都有优良的耐腐蚀能力，尤其是主链键能高的高分子材料，由于不易断链，耐腐蚀性更好。如在聚四氟乙烯分子中，碳-氟键结合十分牢固，同时氟原子组成了一个保护层，封闭了碳链，使其不易受到侵蚀，甚至在沸腾的王水中也不受腐蚀。在分子结构相同的情况下，分子量大或结晶度高的高分子材料溶解度较小，耐腐蚀性好。

（3）耐有机溶剂性

当高分子材料受到溶剂作用时，溶剂分子进入高分子内部产生溶胀，直到最后高分子被溶剂分散成溶液。这一扩散过程，取决于分子间的内聚能密度，一般用溶解度参数来衡量。刚性高聚物的分子运动速度小，一般很难溶解。交联高聚物在溶剂中至多发生有限溶胀，这是因为溶剂小分子渗透进入高分子的网状结构中，将网张开拉长，发生高弹形变，同时产生应力，阻止溶剂分子的继续进入，最后渗透压力和网的弹性应力达到平衡，也即停止进一步溶胀。

（4）耐辐射性能

耐辐射性是指高分子材料在射线作用下保持其原有性能的能力，许多高分子材料经过辐照仍然可以保持稳定的性能，这一性能在航天领域十分重要。

1.5.6　加工性能

高分子熔体的流动行为对高分子材料的成型加工十分重要。大多数高分子熔体在注射、挤出等加工条件下是非牛顿假塑性流体，其最明显的黏弹现象是黏度随剪切速率的增大而减小。流变曲线能比较充分地描述高分子熔体在不同温度和剪切速率下的流变特性。分子链相对柔顺的高分子材料，如 PA、PET 的表观黏度随剪切速率的增大而下降明显，分子链刚性大的一些高分子材料，如 PC、PSF 等，其表观黏度随切变速率的增大下降不明显。

熔融指数是表征高分子材料加工时的流动性的重要参数，指在规定条件下，一定时间内挤出的熔体物料的量，也即熔体每 10min 通过标准口模毛细管的质量，单位为 g/10min。熔融指数越大，表示该高分子材料的加工流动性越佳，反之则越差。

1.6　高分子材料的发展现状

高分子材料种类繁多、形式多样，可以适应多个领域的应用需求。针对高分子材料自身性能的不足，可通过化学接枝或共聚、物理共混等多种方法加以改善。

（1）通用高分子材料

通用高分子材料是发现时间较早、结构较为简单、性能适中、应用成熟广泛的一类高分子材料，在日常生活中随处可见。

聚乙烯材料是结构最简单的通用高分子材料，分子链仅由 C、H 元素组成，分子链柔性高，制品韧性好，抗冲击性及抗撕裂性能高，因此多用来制备薄膜材料。经过合成工艺控制后合成的无支链的超高分子量聚乙烯材料比强度、比模量及抗冲击性能大幅提升，在防弹装备领域得到广泛应用。相比之下，聚丙烯材料中支链甲基的存在增加了分子链的刚性，制品强度和模量较高，采用高性能玻璃纤维增强聚丙烯制得的复合材料兼具更好的刚性、耐热性及耐冲击性，可用来制造容器、汽车配件等。聚苯乙烯中刚性苯环的存在使得制品的强度、模量均有提升，但同时导致制品脆性较大，抗冲击性能较差，通过引入丙烯腈、丁二烯等柔性组分进行共聚反应制得二元（如 SAN、SBS）、三元（如 ABS）共聚物等能够显著改善这一不足，大大拓宽了聚苯乙烯的应用范围。通过添加发泡剂可制得硬质的可发性聚苯乙烯泡沫，是道路、桥梁及建材领域的重要材料。与之相类似的，聚氯乙烯材料由于电负性较大的—Cl 短支链的存在导致链节运动困难，表现为材料熔体黏度大，加工性能差，但其间同立构的结构特征导致分子内部有少量微晶存在，这一特点使其可以容纳大量改性添加剂，因此可以通过物理共混的方式制造适应不同领域需求的软质/硬质聚氯乙烯材料，通过添加发泡剂制得轻质的聚氯乙烯泡沫材料，回弹性及减震性好，被用作缓冲材料制成包装容器及防护层等。

与上述均聚反应制备方法不同，酚醛树脂则是由两种体系缩聚制得的，通过控制合成过程中的酚与醛的配比可以制得热塑性酚醛树脂及热固性酚醛树脂两类材料。其中，热塑性酚醛树脂受热可熔融，可用作胶黏剂，制作日常生活中的开关等零部件。热固性酚醛树脂为交联固化体系，不溶不熔，力学性能高，耐热、耐腐蚀性好，常使用玻璃纤维或碳纤维增强后制得复合材料，应用在地铁疏散平台、工业零件以及航空航天领域。与热固性酚醛树脂相类似的氨基树脂在工业上应用较多的有脲醛树脂及三聚氰胺甲醛树脂两类，体型交联结构及刚性分子链的存在使其具有更高的硬度，制品表面光滑，耐刮痕，耐腐蚀，因此被用来制造日用器皿和餐具等。与酚醛树脂不同的是，脲醛树脂可加入发泡剂制备脲醛泡沫材料，可用来制作"人工土"，三聚氰胺甲醛树脂可制备蜜胺纤维材料，含氮量高、阻燃性好，应用于隔热、防火、阻燃等领域。通过类似的两种体系缩聚制得的材料体系还有热塑性聚酯材料，代表体系为聚对苯二甲酸乙二醇酯和聚对苯二甲酸丁二醇酯，分子链中的酯基和苯环相连形成了共轭结构，使得制品的强度大大提升，因此常被用来制作聚酯纤维材料，用于日常衣物、泳衣、滑雪服等。聚对苯二甲酸乙二醇酯纤维分子排列紧密且缺少亲水基，因此染色性、吸湿性、抗静电性差，产品易燃烧，而聚对苯二甲酸丁二醇酯纤维分子多了 2 个亚甲基链，克服了聚对苯二甲酸乙二醇酯纤维的不足。不饱和聚酯树脂则是一类热固性的聚酯材料，由饱和二元羧酸（或酸酐）、饱和二元羧酸（或酸酐）和二元醇缩聚而成，经交联固化反应后形成不熔不溶的三维网状的体型结构，由于分子链结构复杂，固化交联程度高，耐腐蚀性好，最早被用来作为船舶和海上设备设施的防护涂料。使用玻璃纤维增强不饱和聚酯树脂后制得的聚合物基复合材料改善了其在力学性能上的不足，大量应用在汽车及建筑等领域。在聚酯分子链段中引入氨基可制得聚氨酯材料，使用多元异氰酸酯与多元醇缩聚制得，因此分子链中包含由多异氰酸酯主体部分组成的"硬段"和大分子多元醇主体部分组成的"软段"两种结构，分别赋予了聚氨酯交联高分子材料的优异力学性能和热塑性高分子材料的良好加工性能，是多种应用领域的理想材料。使用聚氨酯纤维可制成高弹、减震的竞技体育用品，辅助运动员取得更好成绩，添加发泡剂制得的聚氨酯泡沫材料热导率低，防水及吸振性能好，可用于墙体保温层等日常领域，也可用于航空器座椅等高端领域。

（2）工程高分子材料

相较于通用高分子材料，工程高分子材料综合性能更加优异，使用场景更加广泛，除满足日常生活需要外，更能够满足工业生产中的需求。

聚酰胺、聚甲醛与聚苯醚是以高耐磨性能闻名的三种工程高分子材料。聚酰胺是汽车工业中用量最大的工程塑料，极性酰胺键与氢键的存在大大提高了分子间作用力与结晶能力，因此聚酰胺具有优良的强度、模量与韧性，并兼具优良的耐磨性。聚酰胺纤维由聚酰胺经拉伸工艺制得，是世界上第一种合成纤维，以高强度与耐磨性闻名于纺织领域。将聚酰胺单体中的柔性亚甲基链替换为刚性苯环可制得芳纶纤维，苯环的加入提高了分子链的刚性与稳定性，赋予了芳纶纤维高的比强度、比模量及热稳定性，常用作复合材料的增强纤维。由于酰胺键的存在，聚酰胺吸水率很高，采用纤维增强后制成复合材料能改善这一不足。玻璃纤维增强聚酰胺基复合材料具有良好的耐腐蚀性，可用于制造轴承、齿轮等零件，而碳纤维增强聚酰胺基复合材料具有更好的耐热性能，更高的比模量与比强度，可应用于井下通风叶轮。与聚酰胺相似，聚甲醛同样具有不亚于金属材料的优良力学性能，根据聚合单体种类可分为均聚甲醛和共聚甲醛。均聚甲醛仅由甲醛一种单体聚合得到，主链几乎全部由键长短、易内旋转的 C—O 键构成，分子链上原子排列紧密，分子链柔性大，制品具有类似金属的硬度、强度和刚性，在很宽的温度和湿度范围内都具有很好的自润滑性、良好的耐疲劳性，可制作精密仪器零件。共聚甲醛由甲醛多聚体与环氧烷烃共聚制得，主链有少量键能更高的 C—C 键且无封端酯基，高温性能与耐溶剂性能更为优良，可用于制造航空燃料阀门。不同于聚酰胺与聚甲醛的柔性链，聚苯醚的主链由刚性苯环与柔性醚键交替连接而成，氧原子与苯环处于 p-π 共轭状态，分子链柔性大大降低，几乎不结晶，因而聚苯醚耐热，耐磨，在长期负荷下具有优良的尺寸稳定性与电绝缘性。聚苯醚中苯酚基的两个活性点被侧甲基封闭，因此不易吸水，广泛用于电子电器零部件。由于纯的聚苯醚料难以加工，通常加入苯乙烯系树脂进行共混或接枝共聚改性，在保留力学性能的同时起到增塑的作用。玻璃纤维增强改性聚苯醚基复合材料具有低的介电常数和密度，常用来制造电路基板。

聚碳酸酯与聚甲基丙烯酸甲酯则是两种透光性能优良的工程高分子材料。聚碳酸酯是由异亚丙基与碳酸酯基交替与苯环相连构成的线性大分子，苯环与碳酸酯基构成的共轭体系增加了主链的稳定性和刚性，而异亚丙基为主链提供了柔性，使得聚碳酸酯既具有类似有色金属的强度，同时又兼备延展性及强韧性，以及极高的冲击强度。聚碳酸酯不仅力学性能优良，透光性能也极好，广泛用于透明防护板、采光玻璃、高层建筑玻璃、汽车反射镜、挡风玻璃板、飞机座舱玻璃等。此外，高的折射率使聚碳酸酯可用作透镜等光学材料。聚甲基丙烯酸甲酯的主链是柔性的碳链，结构单元碳原子上含有非极性、疏水的甲基和极性、吸水的甲酯基，由于甲酯基的空间位阻效应，聚甲基丙烯酸甲酯一般不结晶，较脆，力学性能不如聚碳酸酯，但光学性能较其更为优良。聚甲基丙烯酸甲酯质地均匀，有均一的折射率，表面反射率小，对光的吸收小，透光率超过无机玻璃，在轻工、建筑、化工以及航空航天领域有着广泛的应用，主要应用于墙壁外板，又因其具有良好的着色性，也被应用于家电壳体。聚甲基丙烯酸甲酯还具有优良的抗银纹性、抗裂纹扩展性以及较高的强度，因此广泛用于航空有机玻璃机舱、舷窗透明件，波音、空客等客机都曾采用聚甲基丙烯酸甲酯航空有机玻璃制作风挡结构层。

环氧树脂属于热固性工程高分子材料，是热固性树脂基复合材料应用最广的三大树脂基体之一，相较于酚醛树脂与不饱和聚酯，环氧树脂的黏结强度和内聚强度高，耐腐蚀性及介电性能优良，综合性能最好，在实际工程中多用于性能要求高的领域。环氧树脂具有优良的粘接性、耐腐蚀性、电气绝缘、高强度等诸多优点，可作为胶黏剂、涂料、绝缘材料。另外，以环氧树脂为基体的纤维增强树脂基复合材料在航空航天、能源动力、机械制造等各个领域发挥着不可或缺的作用。在航空航天领域，纤维增强环氧树脂基复合材料主要应用在主翼、垂直尾翼、直升机旋转翼片、发动机盖等部位，在日常生活领域，纤维增强环氧树脂基复合材料普遍用于体育器材如球拍、网球手柄、钓竿以及车辆、船舶、家用电器等领域。

（3）特种高分子材料

特种高分子材料是近年来迅速发展的一类高分子材料。特种高分子材料除力学性能优异外，耐热性、耐腐蚀性更强，能够适应工业生产、航空航天等特殊环境的材料需求，在未来具有广阔的发展前景。

氟塑料是主链中含有氟原子的一大类高分子材料，主要包括聚四氟乙烯、聚全氟乙丙烯、聚三氟氯乙烯等氟代聚烯烃以及与其他单体的共聚物。氟塑料中 C—F 键极其稳定，同时螺旋构象使碳骨架被氟原子保护，提供了极其优异的耐环境及疏水性能。聚砜类高分子材料为主链上含有砜基和苯环的高分子材料，砜基与两侧的苯环形成稳定的共轭结构，硫原子在高度共轭的状态下保持了最高氧化态，因而具有较高的热稳定性和透明性。将聚砜与聚酰胺、饱和聚酯、聚碳酸酯等共混可以有效改善聚砜的韧性、耐磨性能等，拓展了聚砜的应用领域。聚苯硫醚是以苯环和硫原子交替排列构成的热塑性高分子材料，其分子链具有较大的刚性和规整性，因此制品具有极好的耐腐蚀性、热稳定性、良好的耐候性、耐辐射性、阻燃性、高刚性、高绝缘性等优异性能。以聚苯硫醚为基体，高性能纤维如碳纤维、玻璃纤维等为增强材料制备的纤维增强聚苯硫醚基复合材料具有优良的力学性能、热性能及耐腐蚀、辐射性能，广泛应用于航空航天等领域，大幅减轻飞机重量。聚苯硫醚复合材料还可以应用到航天舱内饰材料，导弹和火箭垂直尾翼，航空母舰的内部构件等国防领域。此外，还可以通过对聚苯硫醚基体进行接枝、共混（如与聚苯硫醚砜共混）等方式进一步提高力学性能。聚芳醚酮是亚苯基环通过醚键和羰基连接而成的高分子材料，按分子链中醚键、酮基与苯环连接次序和比例的不同，可分为聚醚醚酮、聚醚酮、聚醚酮酮、聚醚醚酮酮、聚醚酮醚酮酮等，具有高耐热性、耐热水性、耐疲劳及耐蠕变性、耐腐蚀性、耐辐射性、耐燃性，力学性能及电绝缘性好。碳纤维增强聚醚醚酮基复合材料同样因其优异的性能而受到广泛的关注。与纯树脂基体相比，纤维增强后的复合材料拉伸强度、弯曲强度、弯曲模量、冲击强度等性能都有提高，越来越多地被应用于飞机制造。聚酰亚胺是分子链中含有酰亚胺环的一大类高分子材料，包含热固性（聚双马来酰亚胺等）和热塑性（聚酰胺-酰胺、聚醚酰亚胺等）两种。聚酰亚胺是耐热等级最高的高分子材料之一，同时还拥有优异的力学性能和介电性能，在航天、航空、电子和电器等领域扮演着不可替代的角色。如聚双马来酰亚胺等热固性聚酰亚胺，相比于环氧树脂具有更高的耐热和力学特性，碳纤维增强的热固性聚酰亚胺基复合材料可用于先进飞行器的次承力或主承力构件，例如机翼、垂尾、尾翼和机身骨架等，同时由于其高耐热性和长使用寿命受到超音速战机和客机的青睐。此外，聚酰亚胺薄膜在芯片领域也有着广泛应用，可作为粒子屏蔽层、芯片钝化层和应力缓冲层、柔性电子基材及光刻胶基质等。杂萘联苯聚芳醚由大连理工大学蹇锡高院士团队研发，是由新型单体 DHPZ 与其他单体聚合而成的含二氮杂萘酮联苯结构聚芳醚砜、聚芳醚酮、聚芳醚砜酮、聚芳醚砜酮酮、聚芳醚腈砜酮等一系列高分子材料。杂萘联苯聚芳醚具有优异的耐热性，且可溶于 N,N-二甲基乙酰胺、N-甲基吡咯烷酮等非质子极性溶剂，其既耐热又可溶的优异特性从根本上解决了传统高性能工程高分子材料耐高温不溶解或可溶解不耐高温的技术难题。

 思考题

1. 举例说出日常生活中 10 种由高分子材料制成的产品。
2. 从产品的应用角度对高分子材料进行分类，并描述它们的特点。
3. 按照分子间的排列状况将高分子的聚集态分类，并简述其性能特点。
4. 高分子材料常用的添加剂及作用。
5. 简述高分子材料的加工特性对成型工艺选择的影响。
6. 简述高分子熔体在加工温度下黏度随剪切速率的变化行为。

参考文献

［1］郝士明. 材料图传: 关于材料发展史的对话［M］. 北京: 化学工业出版社, 2014.

［2］王兴江. 高分子材料发展现状和应用趋势［J］. 工业 B, 2015 (11): 00074-00074.

［3］Frollini E. Polymer Review: Modifications aimed at constant improvement［J］. Polímeros, 2013, 23 (1): E1-E1.

［4］Shit S C, Shah P. A Review on Silicone Rubber［J］. National Academy Science Letters, 2013, 36 (4): 355-365.

［5］王宏德. 浅析高分子材料的阻燃技术［J］. 商品与质量, 2016, 000 (043): 248.

［6］洪浩群, 周超, 肖扬, 等. 导热高分子复合材料的研究进展［J］. 2016.

［7］Kashyap S, Datta D. Process parameter optimization of plastic injection molding: a review［J］. International Journal of Plastics Technology, 2015.

［8］Yu J, Sun L, Ma C, et al. Thermal degradation of PVC: A review［J］. Waste Management, 2016, 48 (FEB.): 300-314.

［9］孙强. 无机粉体/异形纤维/树脂基复合材料的制备、表征及性能研究［D］. 北京: 北京服装学院, 2012.

［10］益小苏, 杜善义, 张立同. 复合材料手册［M］. 北京: 化学工业出版社, 2009.

［11］李萍, 孙俊河, 何琴, 等. 芳香族聚酰胺纤维的性能与应用［J］. 中国纤检, 2010 (23): 76-77.

［12］S. R, White, H. T, et al. Process Modeling of Composite Materials: Residual Stress Development during Cure. Part I. Model Formulation［J］. Journal of Composite Materials, 2016, 26 (16): 2402-2422.

［13］Ramakrishna S, Mayer J, Wintermantel E, et al. Biomedical applications of polymer-composite materials: a review［J］. Comp Sci Tech, 2001, 61 (9): 1189-1224.

［14］Rosa C D, Auriemma F. Structure and physical properties of syndiotactic polypropylene: A highly crystalline thermoplastic elastomer［J］. Progress in Polymer Science, 2006, 31 (2): 145-237.

［15］Mather P T, Ge Q, Liu C. Shape memory polymers based on semicrystalline thermoplastic polyurethanes bearing nanostructured hard segments［J］, 2006.

第 2 章
通用高分子材料

2.1 聚烯烃

聚烯烃（polyolefin，PO）是烯烃类高分子材料的总称，一般是指由乙烯、丙烯、1-丁烯、1-戊烯、1-己烯、1-辛烯、4-甲基-1-戊烯等 α-烯烃以及某些环烯烃均聚或共聚而得到的一类高分子材料。目前产量最大、用途最广的聚烯烃材料是聚乙烯（polyethylene，PE）和聚丙烯（polypropylene，PP）。

2.1.1 概述

聚乙烯（PE）根据分子结构的不同可分为低密度聚乙烯（LDPE）、高密度聚乙烯（HDPE）、线性低密度聚乙烯（LLDPE）和超高分子量聚乙烯（UH-MW-PE）等。1898 年，德国化学家 H. V. Pechmann 在静置重氮甲烷醚溶液时首次合成 PE，1933 年，英国 ICI 公司化学家 M. Perrin 成功制得 LDPE，并于 1937 年实现工业化生产。1965 年，德国 Bayer 公司成功实现 HDPE 的工业化生产。1958 年，日本 Mtisui Chemicals 公司成功研制出 UMHWPE。20 世纪 70 年代出现了使用乙烯和丁烯共聚制得的 LLDPE。

聚丙烯（PP）主要是由丙烯通过气相聚合制备而成。1951 年，美国 Phillips Petroleum 公司化学家 J. Paul Hogan 和 R. Banks 首次成功合成 PP。1957 年，意大利 Montecatini 公司实现了全同立构 PP 的大规模生产。20 世纪 70 年代，德国化学家 H. Sinn 和 W. Kaminsky 成功使用茂金属催化剂合成 PP。

PE 及 PP 主要作为塑料材料制成薄膜、管材及板材等制品。此外，聚烯烃也被用来作为纤维、橡胶及复合材料基体在更多领域中得以应用。例如，UH-MW-PE 作为纤维材料开始应用于防弹领域，天然橡胶（顺-1,4-聚异戊二烯），乙丙橡胶及顺丁橡胶（顺-1,4-聚丁二烯）在密封、防震及防水等领域广泛应用，使用玻璃纤维增强 PP 树脂基复合材料作为一种热塑性复合材料也已大量应用于汽车壳体之中。

2.1.2 合成

（1）聚乙烯的合成

通过不同的聚合方法制得的 PE 规整程度不同，其中 LDPE、HDPE 和 UH-MW-PE 是以乙烯为原料，在不同的工艺条件和催化剂的作用下通过均聚反应制得，而 LLDPE 则是在催化剂的作用下，通过乙烯和丁烯的共聚反应制得。不同 PE 的制备过程以及分子链形态示意图如图 2.1 所示。

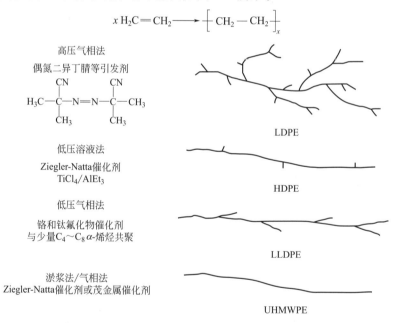

图 2.1　不同 PE 的制备过程以及分子链形态示意图

（2）聚丙烯的合成

PP 合成的反应方程式如下。

$$x\,H_2C{=}CH{\longrightarrow}{\left[\!\!\begin{array}{c}CH_2-CH\\|\\CH_3\end{array}\!\!\right]}_x$$

2.1.3 结构

PE 单体结构简单,大分子中存在 C═C 双键以及由催化剂引入的微量杂质元素,如 LDPE 大分子中含有少量氧元素,以—C—O—或—C═O 的形式存在,HDPE 大分子中含有少量金属杂质,这些都会影响 PE 的热稳定性和电性能。

LDPE 支化度高,分子链含有多种形式的长短支链,呈树枝状。LDPE 分子量低,分子量分布宽,由于分子链规整度低,烷基不能方便地进入 PE 晶格,故 LDPE 结晶度低。HDPE 支化度低,分子量高,分子量分布窄,由于分子链规整度高,所以 HDPE 的结晶度较 LDPE 高。LLDPE 具有规整的短支链结构,支化度较高,因此结晶度和密度与 LDPE 相似,但分子间作用力较 LDPE 更大,所以熔点更高,与 HDPE 相近,而抗撕裂性和耐应力开裂性比 LDPE 和 HDPE 都高。UHMWPE 是乙烯的线性均聚物,结构与 HDPE 类似,但平均链长为 HDPE 的 10～100 倍,分子量一般在 150 万以上。

PP 分子链存在侧甲基,使得主链刚性略有增加,并导致了 PP 的异构现象。除了"头-尾"键接的结构之外,还可能存在少量"头-头"键接的结构,如图 2.2 所示。"头-尾"键接的 PP 分子链存在三种不同的立体构型:全同立构(等规)、间同立构和无规立构,如图 2.3 所示。全同立构 PP 大分子链最为规整,其甲基均在大分子链的同一侧,结晶度高,熔点高达 175℃;间同立构 PP 大分子链中含甲基碳原子交替连接,熔点较全同立构 PP 低,为 135℃左右,无规立构 PP 分子链规整度最低,含甲基碳原子无规则连接,熔点为 75℃左右,室温下表现为橡胶态。

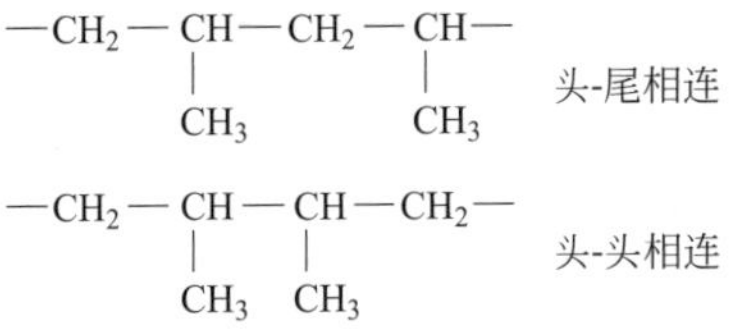

$$—CH_2—CH—CH_2—CH—\qquad 头-尾相连$$
$$\underset{CH_3}{|}\qquad\underset{CH_3}{|}$$
$$—CH_2—CH—CH—CH_2—\qquad 头-头相连$$
$$\underset{CH_3}{|}\quad\underset{CH_3}{|}$$

图 2.2 PP 的键接异构

表 2.1 列出了 PE 与 PP 的结构参数。

PE 是高结晶性聚合物,结晶链的构象规整。低温下稳定的 PE 分子链构象是全反式的,相应于平面呈锯齿状,如图 2.4 所示。X 射线衍射研究结果表明,线型 PE 的主要晶型是斜方晶型,晶胞参数 $a=0.740$nm、$b=0.493$nm、$c=0.253$nm,$\alpha=\beta=\gamma=90°$。大分子取平面锯齿构象紧密堆砌在斜方晶胞中,其中 PE 分子链沿 c 轴平行排布。晶胞内分子链段之间以范德华力结合在一起,聚合物链上氢原子之间的次价键相互作用决定着晶胞内分子之间的固定角。链轴与 c 轴方向一致。理论上完全无支化 HDPE 晶体的密度为 1.00g/cm^3,支化使晶胞少许膨胀。斜方晶型是 PE 最稳定的晶体结构。第二类变形结晶是单斜晶胞,晶

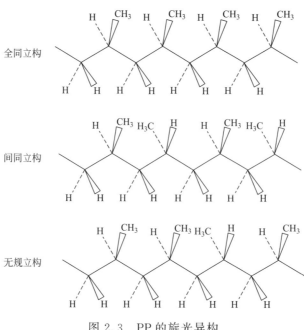

图 2.3　PP 的旋光异构

表 2.1　PE 及 PP 结构参数

类别	10^3 个碳原子含支链数	分子量/万	分子量分布 $(\overline{M}_w/\overline{M}_n)$	大分子形态	结晶度/%	密度/(g/cm^3)
LDPE	20～30	2.5～3	25～50	树枝状	65	0.910～0.945
HDPE	4～7	10～30	4～15	线形	80～90	0.940～0.965
LLDPE	2.0～29.4	15～18	3～11	短支链	65～75	0.916～0.940
UHMW-PE	0	>150	—	线形	②	0.920～0.964
PP	①	38～60	5.6～11.9	线形	60～65	0.900

　　① 关于 PP 的支链数的研究很少，但是目前有一些做长链支化 PP 的研究，根据工艺不同，支化度在 20%～87% 不等。

　　② 由于分子链缠结等因素，目前仍有许多关于 UHMW-PE 结晶度的研究，通过工艺调控结晶度，结晶度在 10%～65% 不等。

胞参数：$a=0.809$nm、$b=0.497$nm、$c=0.253$nm、$\alpha=\beta=90°$、$\gamma=105°$，理论密度为 0.965g/cm^3。单斜晶胞只会在低温加工受力的情况下形成，且仅在 50℃ 以下稳定，经过 80～100℃ 退火就会恢复到斜方晶胞。

　　X 射线衍射的结果表明，由于侧甲基的相互排斥，全同 PP 结晶链的主体构象为螺旋状，总是以能容纳较大侧基的螺旋构象进行结晶，因而 PP 具有较好的耐弯曲疲劳性能。3_1 螺旋体见图 2.4，以三个链节为一个周期，结晶重复

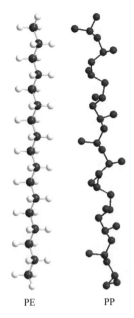

图 2.4 PE 和 PP 的大分子链结构

周期中包含螺旋的圈数为 1，等同周期 0.625nm，每个链节的轴转向 120°。这种螺旋结构是沿分子链以反式和旁式交替排列的。螺旋分子的堆砌排布取决于螺旋的类型及侧基的大小与性质，排列堆砌应按侧基相互交叉配合形式进行。但是，由于螺旋有左旋和右旋两种，因此排列较为复杂。等规 PP 通常属于单斜晶系。

PE 和 PP 的常见晶胞参数如表 2.2。

表 2.2　PE 和 PP 的晶体结构参数

聚合物	基本晶系	晶胞轴/nm		晶胞轴间夹角		单元数	$\rho_c/(g/cm^3)$
PE（Ⅰ）	斜方晶系	a	0.740	α	90°	4	0.9972
		b	0.493	β	90°		
		c	0.253	γ	90°		
PE（Ⅱ）	单斜晶系	b	0.809	α	90°	4	0.9980
		b	0.497	β	105°		
		c	0.253	γ	90°		
PP	单斜晶系	a	0.665	α	90°	12	0.9460
		b	2.096	β	107.9°		
		c	0.625	γ	90°		

2.1.4 性能

（1）物理性能

PE 和 PP 均为结晶性高分子材料，呈乳白色不透明或半透明的蜡状固体，密度比水小，吸水率低。

（2）力学性能

由于分子链呈柔性，PE 的抗冲击性和韧性较好，但强度和模量较低，拉伸强度通常在 10MPa 左右。PE 的力学性能还与分子量及其分布、结晶度、密度等因素有关。LDPE 的力学性能表现为"软而弱"，其强度低，断裂伸长率通常在 $100\% \sim 600\%$。HDPE 的强度、模量和硬度都比 LDPE 高，断裂伸长率比 LDPE 低，最高可达 500%。LLDPE 既具有 HDPE 的强度，又有 LDPE 的柔性，断裂伸长率及抗撕裂强度突出。相比之下，几乎没有支链存在的 UHMWPE 则具有更为出色的强度和韧性。

PP 的甲基在主链上规则排列，导致其刚性较好。同时，由于分子链对称性高，PP 容易结晶，其强度和模量比 HDPE 高，拉伸强度一般为 $21 \sim 39$MPa，但冲击强度比 HDPE 低，仅为 $2.2 \sim 5$kJ/m^2。此外，PP 的耐蠕变性能较差。

图 2.5 为 PE（上海赛科，牌号：LL0209AA）的应力-应变曲线，图 2.6 为 PP（上海赛科，牌号：K8703）的应力-应变曲线。

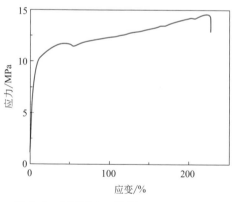

图 2.5　LLDPE（牌号：LL0209AA）
的应力-应变曲线

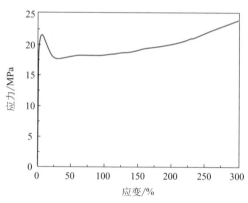

图 2.6　PP（牌号：K8703）
的应力-应变曲线

（3）热性能

PE 的耐热性能与其密度和分子量有关。PE 的玻璃化转变温度在室温以下，通常为 -110℃，而熔融温度则因其分子结构的不同而略有差异。LDPE 的熔融温度为110℃，HDPE的熔融温度为130℃，LLDPE与UHMWPE的熔融温度为122℃左右。LDPE的耐低温性能相对较好，在低温时仍能保证一定的柔软性。

PP的耐热性能与其等规度和分子量有关。PP的玻璃化转变温度同样在室温以下，为-20℃，熔融温度为165℃。PP与PE均易燃，燃烧特性相似，离火后不能自熄，火焰上黄下蓝，有少量黑烟，燃烧时易熔融滴落。

（4）电性能

PE具有优异的绝缘性能和介电性能。PE的介电常数、介电损耗和介电强度不受湿度和频率的影响，介电强度随结晶度的增加而增大。

PP的高频绝缘性能优良。由于PP吸水率低，故其绝缘性能同样不受湿度影响。PP具有较高的介电常数，约为2.25，且随温度的上升而增加。

（5）耐环境性能

PE耐大部分酸碱和盐溶液，常温下几乎不溶解于一般有机溶剂。但PE与脂肪烃、芳香烃、卤代烃长时间接触时，会发生溶胀。

PP能耐无机酸碱和盐溶液（具有强氧化性的溶液除外），对于有机溶剂而言，PP仅在某些卤代化合物、芳烃和高沸点脂肪烃中发生轻微的溶胀。

PE易受紫外线氧化、热氧化、臭氧氧化分解而老化，表现为制品变色、龟裂、发脆直至破坏。

由于甲基的存在，PP中的叔碳原子对紫外线更敏感，耐紫外线氧化性能比PE更差，可加入ZnO等填料改善其耐紫外线性能。

（6）加工性能

PE和PP均呈现假塑性流体特征，主要成型加工方法包括注射、挤出、吹塑等。图2.7为PE（上海赛科，牌号：LL0209AA）的流变性能曲线，图2.8

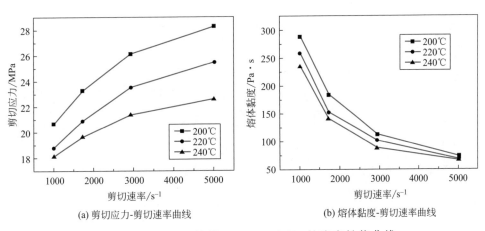

(a) 剪切应力-剪切速率曲线

(b) 熔体黏度-剪切速率曲线

图2.7 LLDPE（牌号：LL0209AA）的流变性能曲线

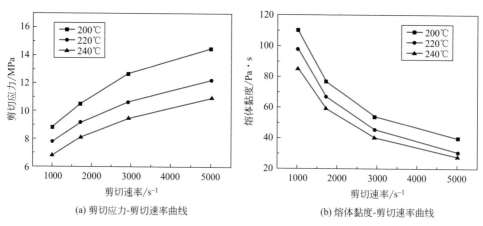

(a) 剪切应力-剪切速率曲线   (b) 熔体黏度-剪切速率曲线

图 2.8   PP（牌号：K8703）的流变性能曲线

为 PP（上海赛科，牌号：K8703）的流变性能曲线。本书中所有流变性能的测试均参照 ISO 11443：2005 进行。

PE 及 PP 的主要性能参数如表 2.3 所示。

表 2.3   聚烯烃性能参数

项目	数值					测试标准
	LDPE（牌号：CSPC，2426H）	HDPE（牌号：Sabic，P6006）	LLDPE（牌号：Sabic，218W）	UHMWPE（牌号：Ticona，4033）	PP（牌号：SECCO，S2040）	
物理性能						
密度/(g/cm^3)	0.94	0.96	0.94	0.93	0.91	ISO 1183
吸水率/%	0.01	0.01	0.01	<0.01	0.02	ISO 62
力学性能						
拉伸强度/MPa	15	35	35	40	35	ISO 527
拉伸模量/GPa	0.19	0.8	0.41	4	1.35	ISO 527
断裂伸长率/%	400	400	600	—	>200	ISO 527
弯曲模量/GPa	0.24	1.15	0.52	—	1.20	ISO 178
冲击强度(23℃)/(kJ/m^2)	—	26	85	210	2.5	ISO 179
电性能						
体积电阻率/Ω·cm	10^{16}	10^{16}	10^{16}	$>10^{17}$	$\geqslant10^{16}$	IEC 60093
介电常数	2.30	2.30	2.30	2.30	2.25	IEC 60250
热性能						
玻璃化温度/℃	−110	−110	−110	—	−20	ISO 11357

项目	数值					测试标准
	LDPE（牌号：CSPC，2426H）	HDPE（牌号：Sabic，P6006）	LLDPE（牌号：Sabic，218W）	UHMWPE（牌号：Ticona，4033）	PP（牌号：SECCO，S2040）	
熔融温度/℃	110	130	122	135	165	ISO 11357
热变形温度/℃	45	74	98	262	83	ISO 75
热导率/[W/(m·K)]	0.32	0.40	0.35	—	0.088	ISO 8302
比热容/[cal/(g·℃)]①	0.55	0.55	0.55	0.55	1.92	ISO 11357
氧指数	<20	<20	<20	<20	<20	ISO 4589
加工性能						
收缩率/%	2~4	1.5~4	2~2.5	2~3	1.0~2.5	ISO 294
熔融指数(2.16kgf)/(g/10min)	1.9 (190℃)	6.2 (190℃)	2.0 (190℃)	2.0 (190℃)	36 (230℃)	ISO 11443

① 1cal=4.18J。

2.1.5 应用

聚烯烃具有相对密度小，耐化学药品性、耐水性好，力学性能好以及电绝缘性优良等特点，成型加工容易，可制成薄膜、管材、板材等各种成型制品，在农业、日用包装、电子电气、汽车、医疗等方面有广泛的用途。

PE产量大，价格便宜，耐腐蚀、耐老化、易加工，是中空吹塑制品中用量最大的材料。其中，HDPE、LDPE、LLDPE等材料都可以制成中空容器，用于食品、饮料、化学品、药品、农药及化妆品等的包装。

薄膜也是PE最重要的制品之一，大量的LDPE和LLDPE以及部分HDPE被用于制作薄膜（图2.9）。PE薄膜具有良好的抗冲击、抗撕裂和抗穿刺性能，韧性好，厚度可以精确控制。在目前广泛应用的薄膜制品中，LDPE薄膜具有一定的透明度，加工性能好，主要应用于包装膜以及农业用膜等领域。HDPE薄膜有最高的拉伸强度，以及最好的抗腐蚀性和耐热性，但其生产难度大，主要应用于重物包装膜以及工业用衬里等。LLDPE薄膜耐寒、耐候性较强，生产成本较低，但透明性、加工性能较差，易黏合，主要应用于生产冰袋、冷冻食品包装、地膜、大棚膜等。

PP是汽车用塑料中用量最大、增长最快的材料，其密度小、价格低廉，可以满足汽车部件所要求的弯曲强度和冲击强度。将高性能玻璃纤维与其复合后制

图 2.9　PE 用作农业薄膜

得的纤维增强聚丙烯基复合材料具有优异的耐热性、刚性和耐冲击性，且易回收。利用以上特性，汽车中的保险杠、仪表盘、蓄电池外壳、内装饰板以及水箱面罩等都是由 PP 及其改性产品制造而成。少量 PE 也被用来制作汽车内饰材料，目前 HMWHDPE（高分子量高密度聚乙烯）由于其高耐应力开裂性、冲击强度、刚性和化学稳定性，是汽车用燃料油箱的首选材料。

　　一次性医用口罩的内外层无纺布均为 PP 制成（图 2.10）。其中，中间层熔喷无纺布空隙多，结构蓬松，抗褶皱能力好，具有独特毛细结构的超细纤维能够增加比表面积，从而使熔喷布具有很好的过滤性、屏蔽性、绝热性和吸油性。由于 PP 熔融指数高，且产量大、价格低、生产工艺简单，易通过熔喷技术生产微米级纤维，因此成为口罩熔喷层的通用材料。

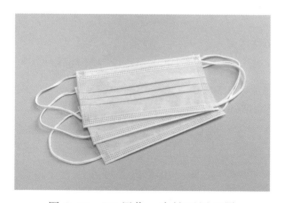

图 2.10　PP 用作一次性医用口罩

　　聚烯烃还可以作通信电缆的绝缘护套材料（图 2.11），其介电性能好、绝缘电阻高，使通信信号损耗低、串扰小，传输质量大为提高。其中，HDPE 和 PP 具有优良的耐环境应力开裂性能，能够满足通信电缆在恶劣环境下的使用要求。

　　除以上应用之外，近年来，UHMW-PE（超高分子量聚乙烯）在军事防弹

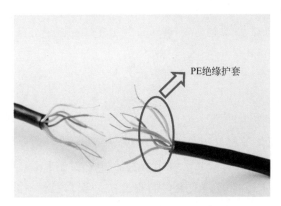

图 2.11　PE 用作通信电缆绝缘护套

领域的应用越来越广泛。由于其高比强度、高比模量和高抗冲击的优异特性，其比能量吸收大，且与芳纶纤维相比吸水率低，用其增强的树脂基复合材料制成的防弹、防暴头盔已成为钢盔和芳纶增强的复合材料头盔的替代品（图 2.12）。此外，在民用领域，由于其高抗切割性和耐化学腐蚀性，UHMW-PE 也被用来制造各种高性能绳索，用于超级油轮、海洋操作平台、灯塔等的固定锚绳、搜救绳等。

图 2.12　UHMW-PE 用作防弹头盔

2.2　聚苯乙烯

聚苯乙烯（polystyrene，PS）是由苯乙烯单体经自由基聚合反应而得到的一类高分子材料。目前应用广泛的 PS 及其共聚物主要包括高抗冲聚苯乙烯（high impact polystyrene，HIPS）、丙烯腈-苯乙烯共聚物（acrylonitrile styrene，SAN)、苯乙烯-丁二烯-苯乙烯共聚物（styrene butadiene styrene，SBS)、丙烯腈-丁二烯-苯乙烯共聚物（acrylonitrile butadiene styrene，ABS）及可发泡性聚苯乙烯（expandable polystyrene，EPS)。

2.2.1　概述

1839 年，德国化学家 E. Simon 将美国枫香树的树脂中蒸馏出的油状物质命名为 PS。1930 年，德国 BASF 公司开始生产 PS。1942 年，德国 BASF 公司采用聚丁二烯橡胶与苯乙烯接枝共聚，制得高抗冲聚苯乙烯（HIPS）并实现工业化生产。1947 年，美国 USR 公司将丙烯腈、丁二烯、苯乙烯共聚合成三元共聚物 ABS。1952 年，德国 BASF 公司研发出 EPS，并实现工业化生产。1954 年，美国 Marbon 公司开发出接枝共聚型 ABS。1963 年，美国 Philips 石油公司首次生产出线型 SBS 共聚物。

作为一种兼具透明性及刚硬性的塑料材料，PS 在日常生产生活中应用广泛。除此之外，PS 的共聚物如 SBS、HIPS 及丁苯橡胶（聚苯乙烯-丁二烯共聚物）作为合成橡胶广泛用于轮胎及胶管等制件上，EPS 由于其缓冲、防震及保温隔热的特点在建筑材料中得以应用等。

2.2.2　合成

PS 的合成过程即为苯乙烯单体 C=C 双键打开的过程。在聚合过程中，π 键被破坏形成 σ 键，连到另一个苯乙烯单体的双键碳原子上。由于新形成的 σ 键比被破坏的 π 键更强，因此 PS 难以解聚。PS 的聚合方法有本体聚合、溶液聚合及悬浮聚合等，目前多采用本体聚合的方法制备高纯度 PS。

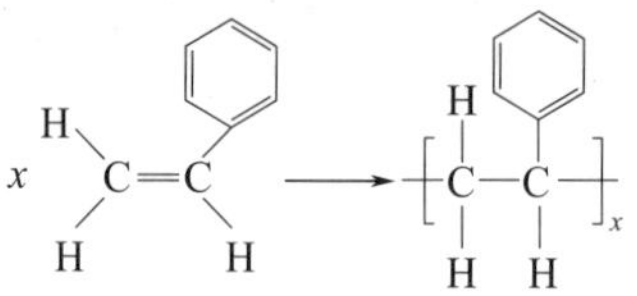

丙烯腈-苯乙烯共聚物（SAN）由丙烯腈与苯乙烯共聚而成，生产工艺从乳液聚合法、悬浮聚合法发展到现在的本体聚合法，生产工艺基本成熟。

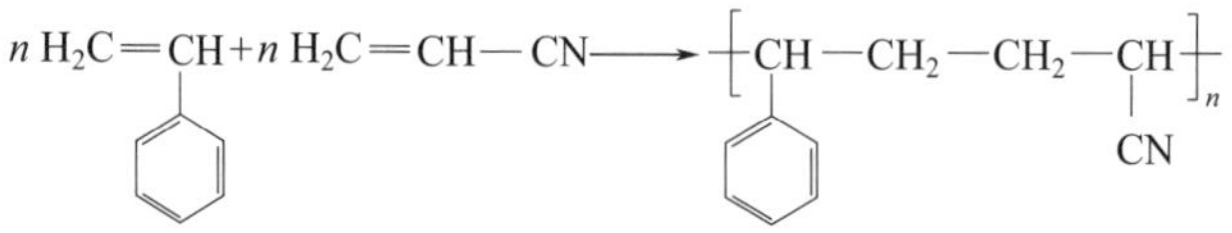

ABS 由丙烯腈、丁二烯与苯乙烯共聚而成，目前最为成熟的生产工艺是乳

液聚合法。该工艺过程中聚丁二烯的用量不受限制，可用于生产高抗冲产品，并且接枝过程可控稳定，产品性能较好。

$$x\ H_2C{=}CH{-}CN + y\ CH_2{=}CH{-}CH{=}CH_2 + z\ H_2C{=}CH \longrightarrow$$

$$\left[CH_2{-}CH \right]_x \left[CH_2{-}CH{=}CH{-}CH_2 \right]_y \left[CH_2{-}CH \right]_z$$

SBS 由丁二烯和苯乙烯共聚而成，通常采用锂系引发剂阴离子溶液聚合工艺生产。

$$x\ H_2C{=}CH + y\ CH_2{=}CH{-}CH{=}CH_2 + z\ H_2C{=}CH \longrightarrow$$

$$\left[CH_2{-}CH \right]_x \left[CH_2{-}CH{=}CH{-}CH_2 \right]_y \left[CH_2{-}CH \right]_z$$

EPS 是一种轻型高分子泡沫材料。它是采用聚苯乙烯加入发泡剂发泡，形成一种硬质闭孔结构的泡沫塑料。用于制备 EPS 的聚苯乙烯颗粒主要含有聚苯乙烯、可溶性戊烷（发泡剂）和防火剂。发泡的方法有两大类，一类是在模型中发泡，另一类是挤出法发泡。在 EPS 的成型过程中聚苯乙烯颗粒中的戊烷受热气化，在颗粒中膨胀形成许多封闭的空腔。

HIPS 由顺丁、丁苯或者乙丙橡胶与聚苯乙烯接枝共聚制得。HIPS 有两种基本的工艺生产：悬浮聚合工艺和溶液聚合工艺。

2.2.3 结构

PS 是线性高分子，柔性饱和 C—C 主链上带有刚性苯环侧基，并含有少量支链和双键。工业 PS 的平均分子量 $\overline{M}_w$ 约为 10 万～20 万，$\overline{M}_n$ 约为 1.8 万～4 万。

PS 大分子主链上存在叔碳原子，连有非极性的刚性苯环，苯环的空间位阻影响了链段内的旋转柔性，链段在室温下较僵硬，所以 PS 的刚性较大。PS 链段之间聚集规整程度较低，分子间作用力小，所以耐热性低（软化点为 80℃）。同时，刚性的分子链不易分散外界应力，特别是冲击应力，所以 PS 呈脆性。由于苯环的存在，叔碳原子上的氢具有较大的反应活性，导致 PS 在光、热及氧的作用下容易氧化，引发大分子链断裂，使材料变黄、变脆。

PS 不存在键接异构，链节仅以"头-尾"键接构型连成大分子，沿着大分子链方向，苯环之间间距相等。但研究表明 PS 存在旋光异构，即分子链中含有短程的间同立构结构（约 50%），其余部分为无规立构，如图 2.13 所示。由于构型结构不规整，PS 通常不结晶，在室温下是坚硬而脆的透明玻璃体。

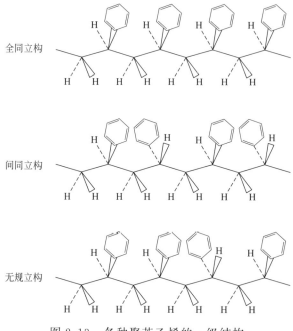

图 2.13　各种聚苯乙烯的一级结构

采用烷基铝-钛卤化物的络合物作催化剂进行苯乙烯阴离子配位聚合，可以制得全同立构聚苯乙烯。由于苯环在全同立构链中规整排列，因此全同立构聚苯乙烯可以结晶。由于苯环的位阻效应，PS 大分子也是以容纳较大侧基的螺旋构象进行结晶（与 PP 类似），晶胞参数如表 2.4 所示。这种 PS 的耐热性比无定形聚苯乙烯高（T_m 约为 220～230℃，软化点为 130℃），在室温下是比 PS 还硬而脆的半透明体，必须经过增韧后才能应用。间同立构聚苯乙烯可使用 Ziegler-Natta 聚合方法聚合制得，其苯环交替排列在主链两侧，可结晶。

表 2.4　全同立构聚苯乙烯的晶胞参数

基本晶系	晶胞轴/nm		晶胞轴间夹角		单元数	$\rho_c/(g/cm^3)$
三方晶系	a	2.19	α	90°	12	1.127
	b	2.19	β	90°		
	c	0.655	γ	120°		

SAN 是主链由苯乙烯单元和丙烯腈单元构成的共聚物，分子结构如下。

$$\begin{array}{c} + CH_2CH +_m \ \ + CH_2-CH +_n \\ \quad\ \ | \qquad\qquad\quad | \\ \quad\ \ \bigcirc \qquad\qquad\ CN \end{array}$$

ABS 是丙烯腈、丁二烯和苯乙烯的三元共聚物，A 代表丙烯腈，B 代表丁二烯，S 代表苯乙烯。其结构如下。

$$+ CH_2-CH +_x + CH_2-CH=CH-CH_2 +_y + CH_2-CH +_z$$

ABS 具有两相结构，即聚丁二烯分散相和 SAN 连续相，其微观结构是聚丁二烯橡胶粒子分散在苯乙烯-丙烯腈共聚物连续相中的海岛型结构。

SBS 是一种苯乙烯-丁二烯-苯乙烯结构的三段嵌段共聚物，B 代表丁二烯，S 代表苯乙烯。这种材料同时具有聚苯乙烯和聚丁二烯的特点，是一种耐用的热塑弹性体。其结构如下：

$$C_6H_5 + CH_2-CH +_{x_1} + CH_2-CH=CH-CH_2 +_{y_1} + CH_2-CH +_{y_2} + CH_2-CH +_{x_2} H$$

HIPS 通过添加微米级橡胶颗粒至苯乙烯单体中，引发接枝共聚，把 PS 和橡胶颗粒连接在一起，当受到冲击时，裂纹扩展的尖端应力会被相对柔软的橡胶颗粒释放掉，因此裂纹扩展受到阻碍，抗冲击性得到了提高。

2.2.4　性能

（1）物理性能

PS 为非结晶性高分子材料，是一种无色透明固体，密度约为 $1.04\sim1.07\text{g/cm}^3$，吸水率约为 $0.02\%\sim0.05\%$。

（2）力学性能

由于分子结构中存在苯环，PS 刚性较大，拉伸至屈服点附近立即发生脆性断裂。PS 的抗冲击性较差，且对缺口十分敏感。

图 2.14 为 PS（牌号：GPPS-116）的应力-应变曲线。

（3）热性能

PS 的脆化温度约为 $-30℃$，玻璃化温度约为 $80\sim105℃$，分解温度则在 $300℃$ 以上。PS 的耐热性主要与残留单体以及其他低分子物质的含量有关，而与分子量关系不大。PS 的热变形温度仅为 70~90℃。

（4）电性能

PS 具有优异的绝缘性能和介电性能，其介电常数约为 2.45~2.65，且几乎不受温度、湿度、频率变化的影响。

（5）耐环境性能

PS 耐大部分酸碱和盐溶液，但不耐浓硝酸等氧化性酸，也不耐氧化剂。

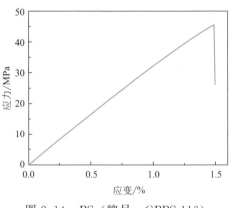

图 2.14　PS（牌号：GPPS-116）的应力-应变曲线

PS 能溶于许多与其溶度参数相近的有机溶剂中，如四氯乙烷、苯乙烯、异丙烷、苯、氯仿、二甲苯、甲苯、四氯化碳、甲乙酮、酯类等，不溶于矿物油、脂肪烃、乙醚、丙酮、苯酚等。一些非溶剂烟煤油、烷烃、高级醇等可促使 PS 发生应力开裂或溶胀。

PS 的耐紫外线性能较差。长期暴露于紫外线下，PS 会变色，强度下降甚至发生脆化。降低残留单体含量或加入适量的胺和氨基醇等化合物有可能起到较好的稳定效果。

（6）加工性能

PS 收缩率小，尺寸稳定性好，熔融时的热稳定性和流动性非常好，易成型加工，特别是容易注射成型，适合大量生产。

图 2.15 为 PS（牌号：GPPS-116）的流变性能曲线。

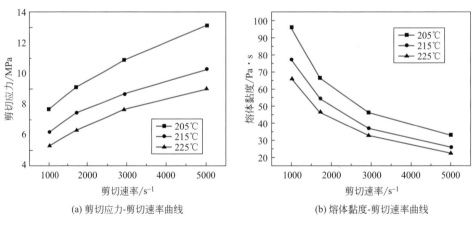

(a) 剪切应力-剪切速率曲线　　(b) 熔体黏度-剪切速率曲线

图 2.15　PS（牌号：GPPS-116）的流变性能曲线

PS（牌号：Edistir，GPPS/N 2560）的主要性能参数如表 2.5 所示。

表 2.5　PS 性能参数（牌号：Edistir，GPPS/N 2560）

项目	数值	测试标准
物理性能		
密度/(g/cm^3)	1.05	ISO 1183
吸水率/%	0.10	ISO 62
洛氏硬度(R-scale)	80	ISO 2039-2
力学性能		
拉伸强度/MPa	40	ISO 527-1/-2
拉伸模量/GPa	3.25	ISO 527-1/-2
断裂伸长率/%	2	ISO 527-1/-2
弯曲强度/MPa	75	ISO 178
简支梁缺口冲击强度/(kJ/m^2)	1.8	ISO 179
电性能		
体积电阻率/10^{15}Ω·cm	7.0	IEC60093
热性能		
热变形温度(1.8MPa)/℃	84	ISO 75-2/Af
维卡软化温度/℃	97	ISO 306/A50
加工性能		
收缩率/%	0.30～0.60	ISO 294-4
熔体流动速率(200℃/5.0kgf)/(g/10min)	3.80	ISO 1133

高抗冲聚苯乙烯（HIPS）是将少量聚丁二烯接枝到 PS 基体上形成的共聚物，具有"海岛结构"，其基体相是 PS，分散相是橡胶颗粒。当受到冲击时，裂纹扩展的尖端应力会被相对柔软的橡胶颗粒释放掉，裂纹的扩展受到阻碍，抗冲击性得到了提高。

HIPS 无臭、无味，质硬，具有 PS 同等级的尺寸稳定性，而且具有更好的冲击强度和刚性。HIPS［牌号：Edistir，HIPS/SR(L)800N］的主要性能参数如表 2.6 所示。

表 2.6　HIPS 性能参数［牌号：Edistir，HIPS/SR(L)800N］

项目	数值	测试标准
物理性能		
密度/(g/cm^3)	1.05	ISO 1183

项目	数值	测试标准
吸水率/%	0.10	ISO 62
洛氏硬度(R-scale)	55	ISO 2039-2
力学性能		
拉伸强度/MPa	24.5	ISO 527-1/-2
拉伸模量/GPa	1.40	ISO 527-1/-2
断裂伸长率/%	70	ISO 527-1/-2
弯曲强度/MPa	32.5	ISO 178
简支梁缺口冲击强度/(kJ/m²)	8.50	ISO 179
电性能		
体积电阻率/$10^{15}\Omega\cdot$cm	7.0	IEC60093
热性能		
热变形温度(1.8MPa)/℃	86	ISO 75-2/Af
维卡软化温度/℃	100	ISO 306/A50
加工性能		
收缩率/%	0.40~0.70	ISO 294-4
熔体流动速率(200℃/5.0kgf)/(g/10min)	4.00	ISO 1133

苯乙烯-丙烯腈共聚物（SAN）又称 AS 树脂，无色透明，耐高温性和耐化学介质性好。相比于 PS，SAN 具有更高的冲击强度和热变形温度，耐溶剂性也有所改进，具有优异的抗渗透性。由于固有的透明性，该树脂用于制造透明塑料制品。SAN（牌号：INEOS，AS/SAN 51）的主要性能参数如表 2.7 所示。

表 2.7　SAN 性能参数（牌号：INEOS，AS/SAN 51）

项目	数值	测试标准
物理性能		
密度/(g/cm³)	1.08	ISO 1183
洛氏硬度(R-scale)	126	ISO 2039-2
力学性能		
拉伸强度/MPa	76	ISO 527-1/-2
拉伸模量/GPa	3.8	ISO 527-1/-2
断裂伸长率/%	3.8	ISO 527-1/-2
弯曲强度/MPa	125	ISO 178

项目	数值	测试标准
弯曲模量/GPa	3.9	ISO 178
悬臂梁缺口冲击强度(23℃)/(kJ/m²)	2	ISO 180/1A
热性能		
热变形温度(1.8MPa)/℃	102	ISO 75-2/Af
维卡软化温度/℃	106	ISO 306/A50
加工性能		
收缩率/%	0.30~0.40	ISO 294-4
熔体流动速率(200℃/5.0kgf)/(g/10min)	15	ISO 1133

相比于 PS，SBS 具有表面摩擦系数大、低温性能好、电性能优良、加工性能好等特性，成为消费量最大的热塑性弹性体。相比之下，ABS 则具有更加优异的综合性能。其中，丙烯腈主要提供了耐化学性和热稳定性，丁二烯提供了韧性和冲击强度，苯乙烯组分则为 ABS 提供了硬度和可加工性。SBS（牌号：AsahiKASEI，Asaflex 805）和 ABS（牌号：LG，ABS HI121H）的主要性能参数如表 2.8、表 2.9 所示。

表 2.8　SBS 性能参数（牌号：AsahiKASEI，Asaflex 805）

项目	数值	测试标准
物理性能		
密度/(g/cm³)	1.02	ISO 1183
吸水率/%	<0.10	ISO 62
洛氏硬度(R-scale)	68	ISO 2039
力学性能		
拉伸强度/MPa	33	ISO 527-1/-2
断裂伸长率/%	30	ISO 527-1/-2
弯曲强度/MPa	50	ISO 178
弯曲模量/MPa	3.5	ISO 180/1A
简支梁缺口冲击强度/(kJ/m²)	1.3	ISO 179
热性能		
热变形温度(1.8MPa)/℃	63	ISO 75-2/Af
维卡软化温度/℃	91	ISO 306/A50
加工性能		
收缩率/%	0.20~0.80	ISO 294-4

表 2.9　ABS 性能参数（牌号：LG，ABS HI121H）

项目	数值	测试标准
物理性能		
密度/(g/cm^3)	1.05	ISO 1183
洛氏硬度(R-scale)	110	ISO 2039
力学性能		
拉伸强度/MPa	46	ISO 527
断裂伸长率/%	10	ISO 527
弯曲强度/MPa	70	ISO 178
弯曲模量/MPa	2300	ISO 178
悬臂梁缺口冲击强度(23℃)/(kJ/m^2)	20	ISO 180/1A
简支梁缺口冲击强度(23℃)/(kJ/m^2)	20	ISO 179/1eA
热性能		
热变形温度(1.8MPa)/℃	79	ISO 75
维卡软化温度/℃	93	ISO 306
加工性能		
收缩率(3.2mm)/%	0.4～0.7	ISO 294-4

2.2.5　应用

PS 是一种广泛用于制造各种消费品的通用高分子材料。由于 PS 刚性高、透明性好、尺寸稳定性高、电绝缘性能优异，在日用消费品、透明制品以及电子电气领域有着广泛的应用。

作为一种刚硬的固体材料，PS 主要用于生产一次性塑料餐具和 CD 盒、烟雾检测器外壳、牌照框架、塑料模型组装套件以及许多其他需要刚性、经济性塑料的物体。由于 PS 的透明性好，其通常用在有透明度要求的产品中，例如食品包装和实验室器皿，PS 培养皿（图 2.16）和其他实验室容器如试管和微孔板，在生物医学研究中发挥着重要作用。

由于其兼具较强的刚性及较好的电绝缘性，PS 可用于电子电气部件，如表面装置连接器、印刷线路板及其连接器、集成电路支架、锂电池密封件、线圈绕线板、开关和继电器等，图 2.17 为 PS 材质的插卡槽。

SAN 树脂具有高光泽、高透明、耐冲击、耐热、耐油、耐化学腐蚀性以及良好的力学性能和加工性能，可以注射和挤出成型，还能吹塑，因此在家用电器、机械仪表、汽车制造、日用品、轻工制造、办公用品、包装等方面有着广泛的用途，大多应用在汽车构件如蓄电池箱、仪表罩、镜片、信号灯等方面。

图 2.16　PS 培养皿

图 2.17　PS 插卡槽

ABS 的电气性能、耐水性、耐磨性、耐油性、力学性能等物理性能优秀，具有良好的表面光泽和耐化学药品性，具有坚韧、质硬的力学性能和良好的加工性，可以通过注塑或挤出工艺，使其成型为制品。此外，还能够在 ABS 中混制有机、无机填料，工程类聚合物或是热塑性树脂，进而制备复合改性材料，被广泛应用于电器、汽车、机械以及家具装饰材料等领域。

SBS 主要用于橡胶制品、树脂改性剂、黏合剂和沥青改性剂四大领域。在橡胶制品方面，SBS 模压制品主要用于制鞋（鞋底）工业，挤出制品主要用于胶管和胶带，作为树脂改性剂，少量 SBS 分别与 PP、PE、PS 共混可明显改善制品的低温性能和冲击强度，SBS 作为黏合剂具有高固体物质含量、快干、耐低温的特点，SBS 作为建筑沥青和道路沥青的改性剂可明显改进沥青的耐候性和耐负载性能。

EPS 是当前最轻的包装材料，它能起到缓冲、防震、保温隔热的作用，在道路工程、水利工程、建筑工程、包装等领域有广泛的应用。在建材行业，近年来推出的新型墙体材料——EPS 泡沫板（图 2.18）不仅质轻，而且大大减少了建筑的投资，节省能源，施工方便，高效，并能改善居住环境，提高住宅房屋的档次，这种材料大有取代传统建材的趋势。

图 2.18　在墙体内应用的 EPS 泡沫板

2.3　聚氯乙烯

聚氯乙烯（polyvinyl chloride，PVC）是由氯乙烯单体均聚而成的一类高分子材料，其主要特点是可加工性强，通过引入不同的添加剂可以制备各种硬质、半硬质或软质制品，工业应用极其广泛，需求量大。

2.3.1　概述

1835 年，法国化学家 V. Regnault 首次合成 PVC。1912 年，德国化学家 F. Klatte 成功合成 PVC 并申请专利。1926 年，美国化学家 W. Semon 开发出 PVC 与各种添加剂混合的塑化方法，克服了 PVC 的脆性，优化了 PVC 的加工性能。1931 年，德国 I. G. Farben AG 公司实现了 PVC 的工业化生产。1933 年，美国科学家 W. Semon 采用高沸点溶剂和磷酸三甲酚酯与 PVC 加热混合成功制得软质 PVC。1936 年，英国 Brunner Mond 公司、美国 Union Carbide 公司及美国 Goodrich 公司几乎同时开发了 PVC 的悬浮聚合制备法并广泛应用于工业生产。1956 年，法国 Saint-Gobain 公司开发出了 PVC 的本体聚合制备法。

PVC 常作为塑料材料用来制成各种形状的管材、板材或型材应用，发泡后的 PVC 泡沫作为常用的缓冲材料应用于日常生活中，PVC 纺丝后制成的 PVC 纤维（氯纶）具有较好的保暖性及绝缘性，在生产生活中均有广泛应用，氯化聚乙烯橡胶可制成耐化学药品胶辊等其他工业制品。此外，PVC 还可作为涂料使用等。

2.3.2 合成

PVC 是以氯乙烯单体（vinyl chloride monomer，VCM）为原料，在过氧化物、偶氮化合物等引发剂或在光、热作用下按自由基聚合反应机理聚合而成，基本反应方程式如下。

2.3.3 结构

PVC 是主链为饱和碳链并含有少量短支链和双键的线型大分子，大多数商品化 PVC 树脂分子量 $\overline{M}_w$ 约 10 万～20 万，$\overline{M}_n$ 约 4.5 万～6.4 万，分子量分布 $\overline{M}_w/\overline{M}_n$ 约为 2。在上述分子量范围内，分子量增加，力学性能提高，但熔体黏度也增加。由于加工需要，增塑后的 PVC 黏度值较低，一般用途的增塑 PVC 的 ISO 黏度值为 125mL/g。

PVC 几乎不存在结构异构，绝大部分是"头-尾"键接的构型，只有极少的"头-头"键接结构，这意味着沿分子链方向氯原子间距相等。NMR 分析结果表明，PVC 的构型存在旋光异构，聚合物链中含有短程间同结构，其余部分是无规立构，导致其结晶性较差。因此，工业生产的 PVC 是无色透明的无定形固体。

PVC 大分子主链的相间碳原子上连有电负性很强的氯原子，相较于聚烯烃而言分子间作用力更强，所以刚性和硬度更大，介电常数和介电损耗更高，且氯原子的存在使得 PVC 材料具有阻燃性。

在 50～60℃下聚合制得的商品 PVC 主要是无定性聚合物，短程的间同结构可以产生少量晶体结构，X 射线衍射测得 PVC 结晶度为 5%～10%，这些微晶体是薄片晶，厚度约 1～1.5nm，宽度为 5～10nm，沿轴向延伸 5～6 个单体单元，属于斜方晶系，如图 2.19 所示。PVC 中的少量微晶对其性能影响较大。微晶的存在使其成为聚合物分子链的物理交联点，形成聚合物网络，使得 PVC 具有异常好的蠕变回复性。在 -40℃ 以下，用 γ 射线或高活性引发剂的自由基聚合，会得到间同立构聚氯乙烯，其晶片密度约为 1.53g/cm³，熔点为 175℃。

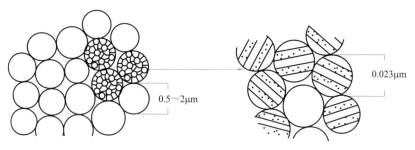

图 2.19　PVC 树脂颗粒内晶片模型

2.3.4　性能

（1）物理性能

PVC 为结晶性高分子材料，是一种白色或淡黄色固体，密度约为 $1.35\sim$ $1.45g/cm^3$，吸水率为 $0.04\%\sim0.4\%$。

（2）力学性能

PVC 的力学性能与分子量和增塑剂含量等因素有关。一般情况下，拉伸强度和断裂伸长率与分子量呈正相关，但当分子量足够大时力学性能增加不明显。增塑剂的引入可以使 PVC 的力学性能在较宽的范围内变化，通常根据增塑剂加入量将 PVC 材料分为硬质（增塑剂 5 份以下）和软质（增塑剂 25 份以上）PVC。硬质 PVC 质硬，拉伸强度较高，约为 50MPa，弹性模量可达 $1.5\sim$ 3.0GPa，但断裂伸长率较低，为 $20\%\sim40\%$。软质 PVC 较软，拉伸强度约为 30MPa，断裂伸长率可达 $200\%\sim450\%$。

（3）热性能

PVC 的脆化温度约为-60~-50℃，玻璃化转变温度为 60~100℃，160℃ 以上开始熔融流动。PVC 的熔点高于分解温度，致使加工成型较为困难。PVC 的耐热性能较差，在 100℃时开始脱 HCl 分解，超过 150℃分解速率加快，降解变色。PVC 具有自熄性，是难燃材料，其氧指数高达 45 以上。

（4）电性能

与聚烯烃相比，由于 PVC 中含有极性氯原子，其电绝缘性能下降。PVC 的电性能受温度和频率的影响较大。随着温度的升高和频率的增加，体积电阻率降低，介电损耗增大。

（5）加工性能

PVC 的熔融温度高于其分解温度，因此，在加工过程中为了防止发生热降解必须加入热稳定剂。PVC 熔体为假塑性流体，表观黏度随剪切应力的增加而降低。由于增塑剂的作用，硬质 PVC 的表观黏度比软质 PVC 大，这使得硬质 PVC 的加工性能比软质 PVC 差。

（6）耐环境性能

PVC 能耐大多数无机酸（除发烟硫酸和浓硝酸）、碱和盐溶液。PVC 对水、汽油和乙醇是稳定的，但在芳烃（苯、二甲苯）、酯、酮和大多数卤代烃（二氯乙烷、四氯化碳、氯乙烯）中则易被溶解或溶胀。

PVC 耐紫外线性能较差。在紫外线的作用下，PVC 会发生降解，脱 HCl 并形成多烯结构。

PVC 的主要性能参数如表 2.10 所示。

表 2.10　PVC 主要特性

项目	数值		测试标准
	硬质 PVC(牌号：Avient,PVC/87654)	软质 PVC(牌号：Teknor Apex,PVC/80102)	
物理性能			
密度/(g/cm^3)	1.39	1.37	ASTM D792
洛氏硬度 D	84	77	ASTM D2240
力学性能			
拉伸强度/MPa	48.3	23.8	ASTM D638
断裂伸长率/%	—	270	ASTM D638
拉伸模量/GPa	2.76	—	ASTM D638
弯曲强度/MPa	89.6	—	ASTM D790
弯曲模量/GPa	3.45	—	ASTM D790
电性能			
介电常数(1kHz)	—	4.03	ASTM D150
介电损耗(1kHz)/10^{-4}	—	770	ASTM D150
热性能			
热变形温度/℃	65.0	—	ASTM D648
脆化温度/℃	—	—14.0	ASTM D746
热膨胀系数/(10^{-5}/℃)	6.5	—	ASTM D696

2.3.5　应用

PVC 目前是世界上产量第三的高分子材料，仅次于 PE 和 PP。PVC 应用非常广泛，从柔性软质制品到刚性硬质制品，从通用塑料到弹性体、纤维、涂料、粘接密封剂、特种功能材料，品种大约有 2000 种以上。

　　PVC 建材制造简单，容易安装，质量轻，使用寿命长，不需油漆，维修费用低，耐腐蚀性好，耐燃，因此迅速进入了建材市场。硬质 PVC 主要用于在新建筑物中安装隔热玻璃时的窗框和窗台（图 2.20）。

　　除此之外，硬质 PVC 多用于管道和型材（如图 2.21）。通过添加增塑剂可以使其更柔软更柔韧，最广泛使用的增塑剂是邻苯二甲酸酯。增塑后还用于管道、电缆绝缘、仿皮革、地板、标牌、留声机唱片以及充气产品等。

图 2.20　包裹 PVC 外壳的塑钢板窗框　　　　图 2.21　PVC 管材

　　综合其力学性能特点和电绝缘性，抗静电 PVC 材料的主要应用领域有计算机机房、超净室及精密仪器控制室使用的抗静电塑料贴面材料（如图 2.22 防静电地板、墙纸等），抗静电劳保用品（如抗静电胶鞋），煤矿井下使用的抽出瓦斯或排气的塑料管等。

图 2.22　全钢 PVC 防静电地板

增塑后的 PVC 常应用于各种医用软管、血液贮存装置、透析附件、外科手套、医疗器械，还可以制作人工器官。这些制品易于生产，使用安全，成本低廉，因而得到了广泛的应用。

膜分离技术是适应当代新产业发展的具有巨大应用价值的一项高新技术，其基本原理是利用具有选择透过性的薄膜，以化学电位差或者外界做功作为推动力，对双组分或多组分体系进行分离、分级、提纯等操作，目前大部分分离膜通常采用有机高分子材料。PVC 在膜分离过程中的主要应用形式是制作离子交换膜，它具有选择性的透过阳离子或阴离子的特性，从而达到分离、分级、富集或提纯的目的。

PVC 泡沫塑料较为密实，强度较高，比未发泡的塑料耐热、电绝缘性能高，并且具有回弹性、减震性以及高度的轻质及柔韧性。闭孔 PVC 泡沫塑料具有较大的浮力，开孔结构的 PVC 泡沫塑料则由于毛细作用具有高度的吸收性。因此，PVC 泡沫塑料可作为普通的缓冲材料，可制成盒、箱等包装容器，也可制成衬垫、衬板等，用以儿童玩具防护以及一般物品包装等，如图 2.23。

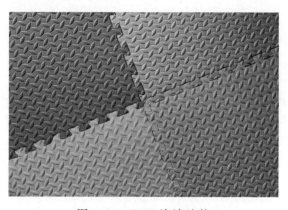

图 2.23　PVC 泡沫地垫

2.4　酚醛树脂

酚醛树脂（phenol formaldehyde，PF）是由酚类化合物与醛类化合物缩聚而成的一类高分子材料。根据所用原料的类型、酚与醛的配比、催化剂的类型的不同，可制得热塑性和热固性两类树脂。热塑性酚醛树脂在受热时可熔融，在加入固化剂（如六亚甲基四胺）后则能转变为热固性。热固性酚醛树脂受热后固化交联，为不溶不熔状态。

2.4.1 概述

1899年，德国化学家 A. Smiht 对苯酚与甲醛的缩合反应进行了研究，得到了最初始的酚醛树脂。1902年，德国企业 Louis Blumer 采用酒石酸作为催化剂，用40%的甲醛溶液与苯酚进行缩合反应，最终得到固态产物，即第一款商业化酚醛树脂 Laccain®。20世纪40年代后，酚醛树脂的合成方法进一步成熟并多元化，多种改性酚醛树脂相继出现，综合性能不断提高。

热塑性酚醛树脂主要用来制作开关、插座等日常用品，而热固性酚醛树脂则用来制作高电绝缘制件。玻璃纤维增强热固性酚醛树脂复合材料在工业中作为耐腐蚀的承力部件应用，而碳纤维增强热固性酚醛树脂复合材料则作为高温耐烧蚀材料应用在航天领域。在日常生活中，热固性酚醛树脂也作为涂料及胶黏剂的重要原料广泛使用，热塑性酚醛塑料则可制成酚醛纤维用作防护服及耐燃织物或室内装饰品等。

2.4.2 合成

（1）热固性酚醛树脂

热固性酚醛树脂的合成反应主要分为两步，分别是甲醛与苯酚的加成反应以及羟甲基化合物的缩聚反应。用碱性催化剂催化时，苯酚首先与甲醛进行加成反应，在酚羟基对位和邻位加成生成三羟甲基酚。

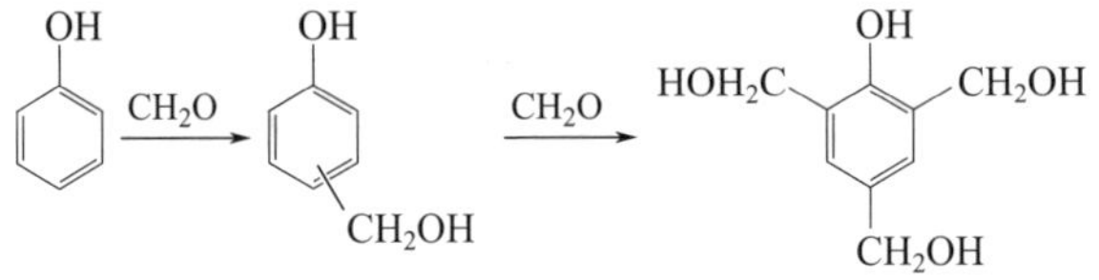

在温度高于60℃时，缩聚反应会发生在单羟甲基苯酚、双羟甲基苯酚、三羟甲基苯酚、游离酚和甲醛之间，反应比较复杂，加成反应与缩聚反应同时进行。反应形成的一元醇酚、多元醇酚或二聚体等会不断促进缩聚反应的进行，使树脂分子量不断增大，直至发生凝胶化。

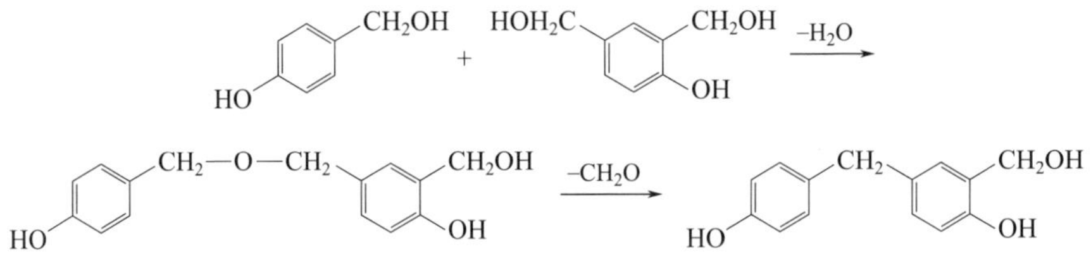

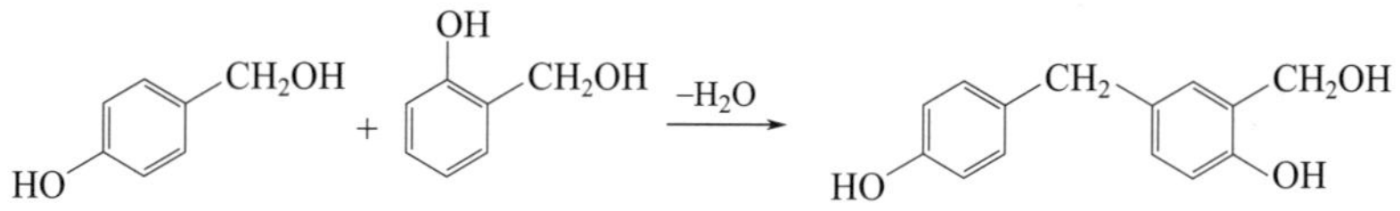

（2）热塑性酚醛树脂

在强酸介质中（如 pH＜3 的盐酸），当酚与醛的摩尔比在 1∶0.8 到 1∶0.9 之间，即酚过量时，酚类物质上的反应活性位点反应不完全，进而得到近似于线型结构的酚醛缩合物即热塑性酚醛树脂。

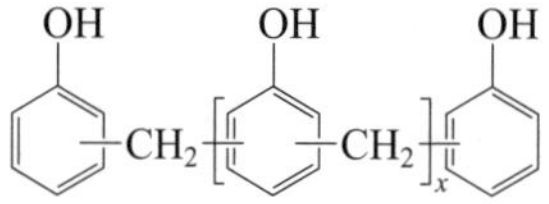

2.4.3　结构

（1）热固性酚醛树脂的结构

热固性酚醛树脂的主链由酚基和亚甲基交互连接而成，具有稳定的支链结构，是分子量不等的聚合体与多元酚醇的混合物，由于含有大量的羟甲基和酚基邻位对位活性氢原子，储存稳定性不如热塑性酚醛树脂。

根据固化时是否需要使用固化剂，热固性酚醛树脂可分为自发固化型酚醛树脂和非自发固化型酚醛树脂。自发固化型酚醛树脂本身的酚醛缩聚反应是控制在一定程度内的，因此在适当的条件下，酚醛缩聚反应可以进一步进行，进而固化交联成为体型高分子材料。而对于非自发固化型酚醛树脂，由于在合成过程中所使用的甲醛含量较少，因此形成的是近似于线型的树脂，也就意味着在树脂内的酚基邻位、对位上存在着未反应的活性点，此时如果加入能与活性点发生反应的多官能度物质，充当自发固化型酚醛树脂中过量甲醛所起到的作用，即可使树脂发生固化反应，形成体型高分子材料，实现非自发固化型酚醛树脂的固化。

（2）热塑性酚醛树脂的结构

热塑性酚醛树脂又称线性酚醛树脂，是由酚基和亚甲基交互连接形成的线性大分子，数均分子量 $\overline{M}_n$ 约 300～1300，含有极少的支链，熔体黏度较低，可以呈现出一定的流动性。同时，暴露的羟基具有一定的极性，使其可以溶于乙醇、丙酮等有机溶剂中。此外，这类酚醛塑料中不含羟甲基，加热可以熔融而不发生交联，只有在遇到甲醛或六亚甲基四胺时加热才会发生交联，形成不溶不熔的热固性酚醛树脂。

酚醛树脂固化之后成为网状结构，结晶性能变差。

2.4.4 性能

（1）物理性能

酚醛树脂为非结晶性高分子材料，是一种为无色或黄褐色透明固体，密度约为 $1.70g/cm^3$。酚醛树脂具有一定的吸水性，由于极性羟基的存在，热塑性酚醛树脂的吸水性比热固性酚醛树脂要高，可达 3％左右。

（2）力学性能

由于具有芳香环结构并且高度交联，热固性酚醛树脂刚性较好，脆性较大，断裂伸长率小于 1％，呈现"强而脆"的力学特性。热固性酚醛树脂拉伸强度较高，与环氧树脂相当。相比之下，热塑性酚醛树脂为含有芳香环的线型结构，力学性能较热固性酚醛树脂低，呈现一定的韧性。酚醛树脂抗冲击性差，且对缺口敏感。

（3）热性能

酚醛树脂没有明显的玻璃化转变温度，因此，在分解温度之前均可保持其结构的整体性和尺寸的稳定性。酚醛树脂的热变形温度为 200℃左右，在 340℃左右开始分解，逐渐炭化成为残炭物。酚醛树脂的热分解残炭率较高，在温度为 1000℃的惰性气体气氛中烧蚀，残炭率可达 60％以上。此外，酚醛树脂的阻燃性能极佳，氧指数可达 34.7～37.7。

（4）电性能

由于分子链具有极性，酚醛树脂的电绝缘性能较差，热固性酚醛树脂的电绝缘性略高于热塑性酚醛树脂。同样地，酚醛树脂介电性能较差，且受添加剂种类、含量以及外界环境温度、湿度等因素的影响较大。

（5）加工性能

热固性酚醛树脂的加工方法主要有层压和缠绕成型，热塑性酚醛树脂的加工方法主要有模压成型、模塑成型和注射成型。酚醛树脂的收缩率在 0.5％～1.0％之间，制品尺寸稳定性较高。

（6）耐环境性能

酚醛树脂在弱酸、弱碱作用下会发生轻微腐蚀，在强酸中会发生侵蚀，在强碱中则会发生降解。酚醛树脂不溶于大部分碳氢化合物和氯化物，也不溶于酮和醇。

酚醛树脂（牌号：Sbhpp，Vyncolit 2923W）的主要性能参数如表 2.11 所示。

表 2.11 PF 性能参数（牌号：Sbhpp，Vyncolit 2923W）

项目	数值	测试标准
物理性能		
密度/(g/cm³)	1.75	ISO 1183
吸水率/%	0.06	ISO62
力学性能		
拉伸强度/MPa	50	ISO 527-2
拉伸模量/GPa	12	ISO 527-2
断裂伸长率/%	0.72	ISO527-2
弯曲强度/MPa	100	ISO 178
弯曲模量/GPa	11	ISO 178
抗压强度/MPa	186	ISO 604
简支梁缺口冲击强度/(kJ/m²)	2.1	ISO 179
热性能		
热变形温度/℃	193	ISO 75-2/Af
电性能		
体积电阻率/10¹⁵Ω·m	0.18	IEC 60093
加工性能		
收缩率/%	0.42	ISO 2577

2.4.5 应用

相对于其它树脂，酚醛树脂由于其优良的耐热性、强度特性及电绝缘性被广泛应用在汽车及电子行业。但酚醛树脂脆性相对较大，限制了其在实际场景中的应用。目前，将高性能玻璃纤维及碳纤维与酚醛树脂复合后制得的高性能纤维增强酚醛树脂复合材料在保证酚醛树脂优异性的基础上改善了其劣势，应用场景拓宽。

由于玻璃纤维具有拉伸强度高、耐热性好和尺寸稳定性好的优点，玻璃纤维增强酚醛树脂复合材料的冲击强度、热变形温度及绝缘性能相较于酚醛树脂都有一定程度上的提升，主要应用于交通行业和电子产业等领域。

在汽车工业领域，玻璃纤维增强酚醛树脂复合材料因其优异的受力抗变形能力和高温机械承载能力，可代替金属用于水泵外壳、叶轮、恒温箱外壳、燃料输送泵等零件部位。与金属材料相比，玻璃纤维增强酚醛树脂复合材料具有大幅减重、工作噪声低等优点，由其制成的汽车内饰件可提供出色的阻燃、防烟和抗毒能力。

在轨道交通领域，玻璃纤维增强酚醛树脂复合材料由于具有高强度、阻燃、低烟密度、低毒性、重量轻，以及抗冲击、耐老化和耐腐蚀的性能，被用来制造地铁疏散平台。玻璃纤维增强酚醛树脂复合材料制作的地铁疏散平台，分为格栅式和平板式两种，其中格栅式的纵梁的横截面为 T 字形，平板式的台面为上表面无间隙的平板面，如图 2.24。该地铁疏散平台具有质量轻、易于安装、生产成本低，且能满足于地铁使用环境即具有低热值、无烟毒性、高强度、高耐烧蚀性的优点。

图 2.24　由玻璃纤维增强酚醛树脂复合材料制作的地铁疏散平台

在电子电器领域，玻璃纤维增强酚醛树脂复合材料由于具有较高的力学性能、良好的绝缘性，耐热、耐腐蚀，因此常用于制造电器材料，如开关、灯头、耳机、电话机壳、仪表壳等，"电木"由此而得名。

将酚醛树脂作为基体，使用碳纤维作为增强体构成的碳纤维增强酚醛树脂复合材料具有优良的耐高温性能及烧蚀性能，尤其是在瞬时耐高温烧蚀性能方面表现突出，被大量用于宇航工业中的空间飞行器、火箭、导弹等的制造方面，在瞬时耐高温和耐烧蚀结构材料中有代表性的地位。基于其优异的防热抗烧蚀性能，碳纤维增强酚醛树脂复合材料还被用于一次性部件上，如火箭发动机罩、火箭喷嘴烧蚀绝热衬里材料、鼻锥、刹车片等部位，目前酚醛树脂仍在这些领域有着独特的优势。

2.5　氨基树脂

氨基树脂（amino formaldehyde，AF）是由氨基或酰氨基化合物与醛类化合物缩聚而成的一类高分子材料，目前应用广泛的氨基树脂包括脲醛树脂（urea formaldehyde，UF）和三聚氰胺甲醛树脂（melamine formaldehyde，MF）。

2.5.1　概述

1926 年，美国 Cyanamide 公司首次合成了脲醛树脂并实现工业化生产。1935 年，德国 Henkel 公司申请了三聚氰胺甲醛树脂的生产专利，并于 1939 年实现工业化生产。1990 年，德国 BASF 公司采用三聚氰胺、三聚氰胺烷基化合物和甲醛作为单体原材料，通过聚合反应制成纺丝水溶液体系，经离心纺丝或干法纺丝后制成三聚氰胺甲醛纤维，并实现工业化生产，商品名为 Basofil®。

氨基树脂常作为涂料及胶黏剂应用在日常生活中，此外，经过发泡之后制得的脲醛泡沫可作为"人工土"应用于农业领域，而三聚氰胺甲醛树脂则可制成餐具等制品，通过纺丝工艺制成的纤维制品在耐高温及阻燃材料领域逐渐广泛应用。

2.5.2　合成

（1）脲醛树脂

脲醛树脂以尿素和甲醛为原料，通过缩聚反应合成，反应分为两步。

第一步，在中性或弱碱性环境中，摩尔比为 1∶（1.5～2）的尿素与甲醛发生加成反应制得一羟甲基脲和二羟甲基脲（主要产物），产物均为水溶性结晶物质。

$$H_2C{=}O + H_2N{-}CO{-}NH_2 \longrightarrow HO{-}CH_2NH{-}CO{-}NH_2$$
$$2\,H_2C{=}O + H_2N{-}CO{-}NH_2 \longrightarrow HO{-}CH_2NH{-}CO{-}NHCH_2OH$$

第二步，在酸性介质中，以六亚甲基四胺作为稳定剂，羟甲基脲发生缩聚反应，可以制得带有羟甲基侧链的透明热固性脲醛树脂。

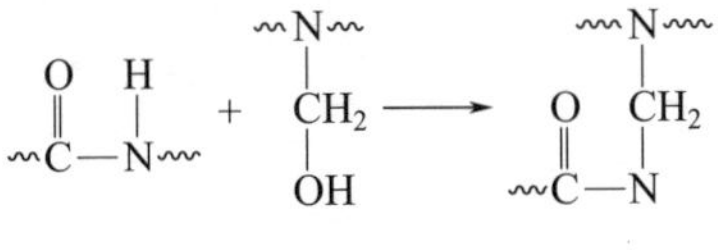

（2）三聚氰胺甲醛树脂

三聚氰胺甲醛树脂的合成方法与脲醛树脂类似，反应步骤也分为两步。

第一步，在中性或弱碱性环境中，摩尔比为 1∶（2.3～3）的三聚氰胺与甲醛发生加成反应制得二羟甲基三聚氰胺和三羟甲基三聚氰胺（主要产物）。

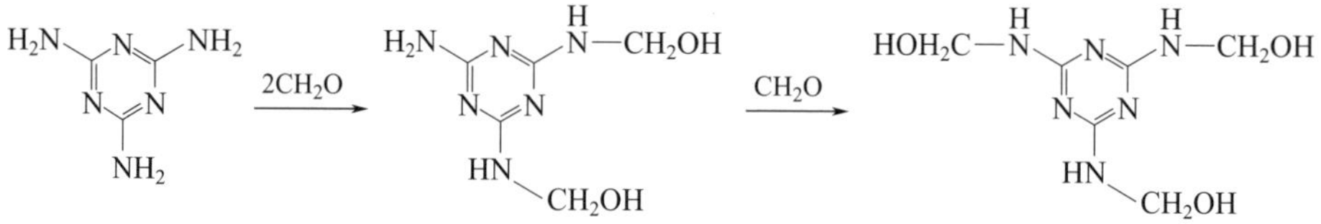

第二步，在酸性介质中，以碳酸铵为稳定剂，羟甲基三聚氰胺衍生物发生缩聚反应，包括羟甲基与羟甲基间，或羟甲基与亚氨基间脱水、脱甲醛的反应制得体型结构的热固性三聚氰胺甲醛树脂。

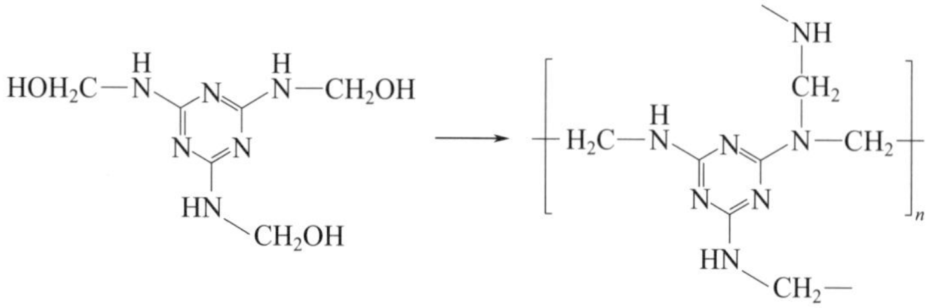

2.5.3 结构

（1）脲醛树脂

脲醛树脂主链为碳氮相间的杂链结构，脲基基团和亚甲基交互连接，具有一定极性和柔性。主链碳原子上的氧和氮原子上的氢之间可以形成氢键，与非极性的碳链相比有更强的分子间作用力，从而具有更好的力学性能和耐热性，但也更容易吸水，发生酸解或水解。交联固化后，脲醛树脂展现为不溶不熔的体型固体结构，酰胺基团中与氮原子相连的氢原子数量减少，氢键作用减小。

（2）三聚氰胺甲醛树脂

三聚氰胺甲醛树脂分子结构中刚性杂环结构间的柔性链长度比酚醛树脂中苯环间的亚甲基要长，所以其脆性比酚醛树脂要小很多，另外，三聚氰胺甲醛树脂可以发生交联反应的活性点比脲醛树脂多，所以三聚氰胺甲醛塑料的交联密度比脲醛树脂高很多。

2.5.4 性能

（1）物理性能

脲醛树脂为非结晶性高分子材料，是一种无色半透明固体，密度约为 $1.50g/cm^3$，吸水率约为 $0.25\%\sim0.35\%$。三聚氰胺甲醛树脂为非结晶性高分子材料，是一种浅色固体，密度约为 $1.53g/cm^3$，吸水率约为 $0.1\%\sim0.2\%$。

（2）力学性能

氨基树脂的强度及模量与酚醛树脂相当，但由于柔性组分的不同，脲醛树脂的韧性大于三聚氰胺甲醛树脂，且二者均大于酚醛树脂。脲醛树脂和三聚氰胺甲醛树脂都具有良好的耐蠕变性，而且两者的基本力学性能均受交联程度和添加剂种类、含量的影响。

（3）热性能

高度交联的氨基树脂无明显的玻璃化转变温度。其中，三聚氰胺甲醛树脂的耐热性比脲醛树脂高，脲醛树脂的热变形温度为115~125℃，而三聚氰胺甲醛树脂的热变形温度为140~195℃，与酚醛树脂相当。热重分析表明，三聚氰胺甲醛树脂从300℃左右开始分解，脲醛树脂从220℃左右开始分解，热劣化性均低于酚醛树脂。此外，脲醛树脂和三聚氰胺甲醛树脂都具有难燃自熄性。

（4）电性能

相比酚醛树脂，氨基树脂的极性小，因此电绝缘性能比酚醛树脂更好，但仍比非极性的聚烯烃差。氨基树脂的介电参数随频率变化小。

（5）耐环境性能

脲醛树脂能耐弱碱和有机溶剂，但会与酸或沸水发生溶胀。与脲醛树脂相比，三聚氰胺甲醛树脂的耐化学药品性更强，能耐酸、碱、沸水和有机溶剂，且不受油污、果汁、洗涤剂等影响，故常被用于制作高级餐具。

（6）加工性能

氨基树脂的加工方法主要有模压成型、模塑成型和注射成型，而添加剂改性的氨基树脂还可以采用挤压成型工艺。

脲醛树脂（牌号：Chemiplastica，Urochem 134）和三聚氰胺甲醛树脂（牌号：BIP，MELMEX SMX）的主要性能参数如表2.12和表2.13所示。

表 2.12　脲醛树脂性能参数（牌号：Chemiplastica，Urochem 134）

项目	数值	测试标准
物理性能		
密度/(g/cm³)	1.50	ISO 1183
洛氏硬度(R-scale)	110	ISO 2039
力学性能		
拉伸强度/MPa	55	ISO 527-2
弯曲强度/MPa	100	ISO 178
简支梁缺口冲击强度/(kJ/m²)	1.6	ISO 179/1eA
热性能		
热变形温度(1.8MPa)/℃	130	ISO 75-2/A

项目	数值	测试标准
防火等级(1.5mm)	HB	UL-94
电性能		
体积电阻率/$10^{11}\Omega\cdot cm$	>1.1	IEC 93
介电常数	5	DIN 53483
加工性能		
收缩率/%	0.8~1.0	ISO 2577

表2.13　三聚氰胺甲醛树脂性能参数（牌号：BIP，MELMEX SMX）

项目	数值	测试标准
物理性能		
密度/(g/cm³)	1.53	ISO 1183
洛氏硬度(R-scale)	110	ISO 2039
力学性能		
弯曲强度/MPa	99	ISO 178
悬臂梁缺口冲击强度/(kJ/m²)	2.2	ISO 180/C
热性能		
热变形温度(1.8MPa)/℃	164	ISO 75-2/Ae
电性能		
介电强度/(kV/mm)	5.9	IEC 60243-1
加工性能		
收缩率/%	0.75	ISO 2577

2.5.5　应用

脲醛树脂是一种外观光泽的透明或半透明树脂，其生产成本低廉，合成工艺简便，无臭无味，表面硬度高，耐油脂和有机溶剂，常被用于制备黏合剂，广泛应用于木器加工、胶合板、刨花板、中密度纤维板、人造板材的生产及室内装修等行业，如图2.25所示，是目前黏合剂中产量最大的品种。同时，脲醛树脂具有"电玉"的美称，加入各色调料可以制成色彩艳丽的制件，因此广泛应用于日常器皿的制备。

脲醛泡沫是较晚发展起来的一类新型泡沫材料，是脲醛树脂中加入发泡剂固化后的产品。目前在生产上得到较多应用的是"人工土"，如图2.26所示，它是

图 2.25　脲醛胶黏剂及黏合板

将工业脲醛泡沫经特殊化改性处理后得到的一种新型无土栽培基质，它是一种具有多孔结构，直径≤2cm，表面粗糙的泡沫小块，具有与土壤相近的理化性质，pH 为 6～7，并容易调整。

图 2.26　脲醛泡沫制造的"人工土"

　　三聚氰胺甲醛树脂是一种具有高胶接强度、耐热性较强、固化速度快等特点的热固性树脂，也称为蜜胺，其硬度在众多热固性树脂中极为优秀。三聚氰胺甲醛树脂外观光泽，酷似瓷器，具有高的耐冲击性和抗污能力，广泛应用于餐具、厨具的制备，如图 2.27 所示。

　　三聚氰胺甲醛的纤维制品也受到广泛关注。三聚氰胺甲醛纤维，简称三聚氰胺纤维，又称为蜜胺纤维，是一种由三聚氰胺缩甲醛制成的新型无卤素阻燃纤维，其氮含量高，阻燃性能好，极限氧指数高达 32% 以上，在高温下炭化基本无毒气产生，发烟量也很小且价格便宜，所以常用作阻燃织物、隔热及耐高温过滤材料，具有广阔的应用和发展前景。

　　Basofil 纤维作为目前唯一工业化的三聚氰胺纤维，具有优异的阻燃性能，在国外可被广泛应用于耐高温场所，其应用领域也在不断扩展。在国外，将 Ba-

图 2.27　蜜胺餐具

sofil 纤维和 Metamax 纤维进行混纺制成的毛毡已广泛应用于高温滤材当中。同时，通过特殊的纺丝工艺可将 Basofil 纤维与其他纤维进行混纺制成防火套衬里和手套，防护围裙等防护装备，与皮肤接触感觉较舒适。据报道，Basofil 纤维在大型轻质发动机外壳以及飞机的屏蔽罩等方面也有着广泛的应用。

2.6　热塑性聚酯

热塑性聚酯是由饱和二元酸与二元醇或多元醇聚合而成的一类高分子材料。由于其二元酸分子中不含不饱和键，因此也被称为饱和聚酯。热塑性聚酯的代表有聚对苯二甲酸乙二醇酯（polyethylene terephthalate，PET）和聚对苯二甲酸丁二醇酯（polybutylene terephthalate，PBT）。

2.6.1　概述

20 世纪 30 年代，美国 DuPont 公司合成了分子量低、熔点低、易溶于水且易分解的热塑性聚酯，但不具备实际应用价值。1941 年，英国 CPA 公司首次成功合成 PET。1942 年，德国 BASF 公司成功研制 PBT。1945 年，英国 ICI 公司首先实现间歇法生产 PET 的工业化。1953 年，美国 DuPont 公司首次实现了连续化生产 PET 纤维的工业化，商品名为 Rynite®。1969 年，美国 Celanese 公司实现了 30％玻璃纤维增强 PBT 的工业化生产，商品名为 CELANEX®。

经纺丝后制得的热塑性聚酯纤维在纺织领域应用十分广泛，使用玻璃纤维增强热塑性聚酯制得复合材料因其出色的耐温耐湿性能广泛适用于电子电气和汽车领域。

2.6.2 合成

热塑性聚酯通过对苯二甲酸和对应二醇的缩聚反应合成。PET 合成所需单体为对苯二甲酸和乙二醇。其合成方法如下。

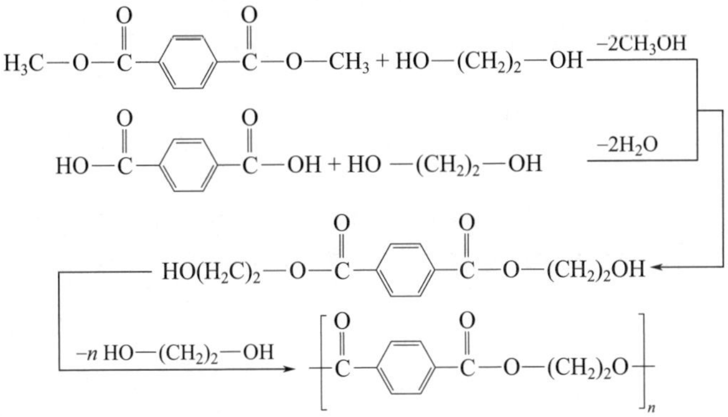

PBT 的合成所需单体为对苯二甲酸和丁二醇，合成方法与 PET 类似。

2.6.3 结构

PET 是主链由刚性的苯环、极性的酯基和非极性的亚甲基连接而成的线型大分子，酯基与苯环相连构成了共轭结构，提高了主链的刚性。极性酯基的存在提升了 PET 分子间作用力，同时使 PET 分子链可发生水解，而亚甲基提供了柔性和疏水性，所以 PET 分子是以刚性为主、具有一定柔性的高度对称的线型大分子。相比之下，PBT 分子链的重复单元中含有四个亚甲基，即柔性链段增长，刚性组分密度降低，导致整个大分子柔性提高。

PET 分子链规整，是结晶性高分子材料，X 射线衍射显示 PET 晶胞属于三斜晶系。溶剂诱导 PET 结晶主要形成的是球晶，直径在 $1\sim 7\mu m$。PET 分子的构型会影响结晶性能：当 PET 呈反式构型时，其结构较为稳定，能够结晶，当 PET 呈顺式结构时则不能结晶。由于带有苯环和酯基，PET 分子刚性较大，构型由顺式向反式转变的温度在 80℃ 左右，因此 PET 结晶速率较慢，需要较高的温度才能结晶。

PBT 由于主链中柔性亚甲基含量更高，分子的柔性更好，更容易以合适的构型排列生成晶胞，因此较容易结晶。PBT 在 50℃ 以上即可结晶，结晶速度也更快。

2.6.4　性能

（1）物理性能

PET 和 PBT 均为结晶性高分子材料，PET 是呈乳白色或浅黄色的固体，密度为 $1.37\sim1.41g/cm^3$，PBT 是呈乳白色半透明的固体，密度为 $1.31\sim1.32g/cm^3$。

（2）力学性能

PET 和 PBT 分子结构中酯基的存在增大了分子链的柔性，而苯环的存在又增大了分子链的刚性，因而两种材料的强度和韧性较好，拉伸强度约为 $50\sim80MPa$，拉伸模量约为 $2.5\sim2.8GPa$，但抗冲击性较差。相比于 PET，由于柔性单元的增加，PBT 的刚性、硬度更低，但韧性更高。PET 和 PBT 的应力-应变曲线如图 2.28 和图 2.29 所示。

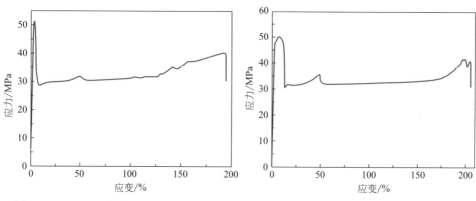

图 2.28　PET（牌号：FRPET401）的　　图 2.29　PBT（牌号：FRPBT401）的
　　　　　应力-应变曲线　　　　　　　　　　　　应力-应变曲线

（3）热性能

同样地，由于柔性组分不同，PBT 的耐热性不如 PET。PET 的玻璃化转变温度为 80℃左右，熔点为 255～265℃，PBT 的玻璃化转变温度为 60℃左右，熔点为 225～228℃，热变形温度分别为 80～90℃和 57～60℃。引入玻璃纤维可以使 PET 和 PBT 的热变形温度大幅度提升，最高可达熔点附近。

（4）电性能

PBT 和 PET 没有强极性基团，分子结构对称并有几何规整性，因而具有十分优良的绝缘性能和介电性能。在使用温度范围内，二者的电性能参数随温度、湿度和频率变化小，因此可作为高温绝缘制件。

（5）耐环境性能

PET 对酸很稳定，尤其是有机酸。在较高温度下 PET 也能耐高浓度的氢氟酸、磷酸、乙酸、乙二酸，但对盐酸、硫酸和硝酸等的耐受性则较差。PET 具有一定的耐碱性，但会与强碱发生作用。在室温下，PET 与有机溶剂如丙酮、苯、甲苯、三氯乙烷、四氯化碳等无明显作用，但可以与一些酚类（如苯酚、邻氯苯酚）以及一些混合溶剂（如苯/氯苯、苯酚/三氯甲烷等）发生溶胀。

PBT 可耐绝大多数酸碱和盐溶液，但由于酯基的存在不耐强酸、强碱和苯酚类化学药品，在 60℃ 以上时易受芳烃和酮的侵蚀。

此外，由于 PET 和 PBT 分子结构中含有酯基，因而不耐热水或蒸汽。

（6）加工性能

图 2.30 为 PET（牌号：FRPET401）的流变曲线。由剪切速率及剪切应力的关系曲线可以看出 PET 熔融呈现非牛顿流体的特点。PET 熔体黏度对剪切速率的敏感性较大。

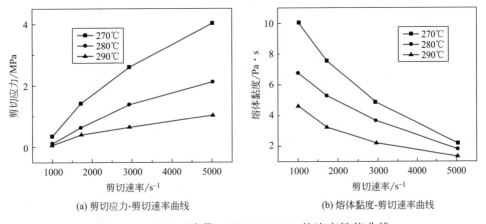

(a) 剪切应力-剪切速率曲线　　　　　(b) 熔体黏度-剪切速率曲线

图 2.30　PET（牌号：FRPET401）的流变性能曲线

PET（牌号：DSM，Arnite A04 900）和 PBT（牌号：Celanese，CE-LANEX® 2008）的主要性能参数如表 2.14 和表 2.15 所示。

表 2.14　PET 的性能参数（牌号：DSM，Arnite A04 900）

项目	数值	测试标准
物理性能		
密度/(g/cm³)	1.37	ISO 1183
力学性能		
拉伸强度/MPa	80	ISO 527-1/-2
拉伸模量/GPa	2.8	ISO 527-1/-2

项目	数值	测试标准
缺口冲击强度/(kJ/m²)	3	ISO 179/1eA
断裂伸长率/%	12	ISO 527-1/-2
热性能		
熔点/℃	255	ISO 11357-1/-3
玻璃化转变温度/℃	80	ISO 11357-1,-2,-3
热变形温度(1.8MPa)/℃	80	ISO 75-1,-2
热膨胀系数/(10⁻⁴/K)	0.7	ISO 11359-1/-2
电性能		
体积电阻率/Ω·m	1×10^{13}	IEC 60093
介电常数(25℃,10² Hz)	3.3	IEC 60250
介电常数(25℃,10⁶ Hz)	3.2	IEC 60250
介电损耗(25℃,10² Hz)	0.002	IEC 60250
介电损耗(25℃,10⁶ Hz)	0.0021	IEC 60250
加工性能		
吸水率/%	0.5	ISO 62
收缩率(平行)/%	1.7	ISO 294-4

表 2.15　PBT 的性能参数（牌号：Celanese，CELANEX® 2008）

项目	数值	测试标准
物理性能		
密度/(g/cm³)	1.31	ISO 1183
力学性能		
拉伸强度/MPa	60	ISO 527-2/1A
拉伸模量/GPa	2.6	ISO 527-2/1A
弯曲强度/MPa	80	ISO 178
弯曲模量/GPa	2.2	ISO 178
缺口冲击强度/(kJ/m²)	3.1	ISO 180/1A
断裂伸长率/%	5	ISO 527-2/1A
热性能		
熔点/℃	225	ISO 11357-1/-3
玻璃化转变温度/℃	60	ISO 11357-1,-2,-3
热变形温度(1.8MPa)/℃	57	ISO 75-1,-2
热膨胀系数/(10⁻⁴/K)	1.1	ISO 11359-2

项目	数值	测试标准
电性能		
表面电阻率/Ω	1.0×10^{15}	IEC 60093
体积电阻率/Ω·m	1.0×10^{13}	IEC 60093
介电强度/(kV/mm)	15	IEC 60243-1
介电常数(25℃,10^2Hz)	3.3	IEC 60250
介电常数(25℃,10^6Hz)	3.2	IEC 60250
介电损耗(25℃,10^6Hz)	0.02	IEC 60250
加工性能		
吸水率/%	0.45	ISO 62
收缩率(平行)/%	1.8~2.0	ISO 294-4,2577

2.6.5 应用

PET 主要用于生产纤维,少量用于薄膜和工程塑料。PET 纤维是由熔体直接纺丝制成的,主要用于纺织工业,制造涤纶短纤维和涤纶长丝,如图 2.31。聚酯纤维最大的优点是抗皱性和保形性好,具有较高的强度与弹性恢复能力。其坚牢耐用、抗皱免烫、不粘毛。

图 2.31 涤纶面料

PET 的另一个用途就是吹塑制品,用于包装的聚酯瓶。PET 具有质轻、透明度高、耐冲击不易碎裂等特性,也可阻止二氧化碳气体,让汽水中的二氧化碳不易流失。除此之外,聚酯瓶具有良好的耐化学药品性和优良的外观,可用于包括眼药水、各种口服液、固体药品的包装等,如图 2.32。

图 2.32　食品级 PET 包装瓶

玻璃纤维增强饱和聚酯复合材料适用于电子电气和汽车行业，用于各种线圈骨架、变压器、电视机、录音机零部件和外壳、汽车灯座、灯罩、白热灯座、继电器、整流器等。10％～30％玻纤增强的 PET 适用于微电机集电器、小型直流电机的线圈框架、大型线圈骨架、分流器、开关或配电装置的零件与外壳、整流器外套、交流电机元件、照明灯插座、电信工程用插头与插座接插件、马达端部罩等。10％～30％玻纤增强的 PBT 可用做电子电器零部件，具有优良的耐焊锡性以及高温下的尺寸稳定性。PBT 经过改性后可以达到 UL94 V-0 级，是阻燃等级中最高的。PBT 的体积电阻大，介电强度高，可以应用在高压零部件上，且PBT 吸湿性小，不容易因吸湿而导致介电性能下降，PBT 的流动性好，为制造结构复杂的电器部件提供了良好的条件。

聚酯薄膜是一种综合性能优良的高分子薄膜材料，具有优良的物理化学特性，如强度高、透明性好、无毒、阻隔性好、电绝缘性能优良等，在电子电器、磁记录、包装、装潢、印刷和感光材料等方面具有广泛的用途。

LCD 显示器中使用了多种特种薄膜，如保护膜、离型膜、反射膜、扩散膜和增亮膜等。PET 膜由于具有优异的电气绝缘性能，表面无缺陷，透光度高，加工涂布性能好，是液晶显示器膜基材的良好选择。

PET 薄膜优异的力学性能、耐热性能、电器绝缘性能、水汽阻隔性、尺寸稳定性、耐候性等特点使其应用到太阳能光伏行业，如太阳能电池背材等，以保护光伏组件中的电池片。如今的太阳能电池封装多采用热塑性弹性体（TPE）薄膜，其中 PET 被作为中间层。日本 Solar PET 公司生产的太阳能组件背封膜完全采用 PET 制成，相比于 TPE 膜具有更好的空气阻隔性、防潮性和防氧化性，受到了 Sharp、KYOCERA、SANYO 等日本公司的青睐，如图 2.33所示。

图 2.33　Rynate PET 用于太阳能电池帆板

2.7　不饱和聚酯

不饱和聚酯（unsaturated polyester，UP）是由不饱和二元羧酸（或酸酐）、饱和二元羧酸（或酸酐）和二元醇缩聚而成的一类热固性高分子材料。

2.7.1　概述

1937 年，美国科学家 Bradley 发现利用游离基引发剂可使线型聚酯变为不溶的固体，这被认为是现代 UP 工业发展的起点。美国于 1942 年首先实现 UP 的工业化生产。

UP 树脂涂料是发展最早的涂料品种之一，应用领域十分广泛，此外，玻璃纤维增强 UP 树脂基复合材料也广泛应用于汽车零部件的制造。

2.7.2　合成

UP 的合成工艺基本上可以分为两步，第一步，二元酸和二元醇发生缩聚反应生成低聚物，此低聚物的化学结构将决定最终得到树脂的种类、结构以及性能。第二步，加入交联单体和各种填料，在一定的工艺条件下，树脂将发生交联固化反应，得到 UP 树脂。工业上最常用的 UP 主要是由顺丁烯二酸酐、邻苯二甲酸酐和丙二醇缩合制得，其分子结构如下所示。

UP 树脂经交联固化反应后形成不熔不溶的三维网状的体型交联结构。UP 的固化交联过程主要是在引发剂和交联剂（如苯乙烯）的作用下形成自由基，攻击不饱和聚酯低聚物上的双键，实现在低聚物分子链上的链增长，反应方程式如下。

2.7.3 结构

UP 树脂的固化过程复杂，固化交联网高度混乱，主体为 UP 低聚物和苯乙烯所构成的交联网络，还有苯乙烯均聚物和未聚合的苯乙烯。图 2.34 为 UP 树脂固化后的三维网状结构示意图。

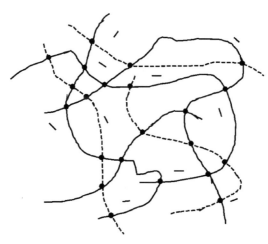

图 2.34 UP 树脂固化后的三维网状结构示意图

2.7.4 性能

（1）物理性能

UP 树脂为热固性高分子材料，其密度为 $1.20\sim1.90\mathrm{g/cm^3}$。由于 UP 树脂密实度不高，内部存在很多空隙，所以其吸水率相对较高，可达 0.55%。

（2）力学性能

UP 树脂的力学性能介于环氧树脂和酚醛树脂之间，拉伸强度约为 70MPa，拉伸模量约为 120GPa，弯曲强度约为 90MPa，弯曲模量约为 140GPa。经玻璃纤维增强后，UP 的强度和模量可得到大幅度提升。

（3）热性能

UP 树脂具有较好的耐热性，大部分树脂的热变形温度为 $60\sim70℃$，耐热性能好的可达 120℃，有的甚至高达 160℃，玻璃化转变温度约为 90℃。UP 的氧指数约为 0.22，可通过添加阻燃剂增大其氧指数。

（4）电性能

UP 树脂具有优良的绝缘性能和介电性能，其介电常数约为 $3.0\sim4.4$。

（5）耐环境性能

UP 树脂的耐腐蚀性与其分子结构有很大的关系。一般间苯型或对苯型不饱和聚酯树脂优于邻苯型，间苯二甲酸或对苯二甲酸比邻苯二甲酸有更好的对称性，使得树脂在介质中的稳定性更高。双酚 A 型 UP 树脂的耐腐蚀性（特别是耐碱性）优于邻苯型、间苯型树脂。

UP 树脂能耐非氧化酸、酸性盐和中性盐溶液，但不耐碱、酮、氯化烃类、苯胺、二硫化碳和热酸。UP 树脂的耐紫外线性能较差，长期在紫外线作用下颜色会变黄。

此外，UP 树脂对非极性有机溶剂，如煤油和汽油等，具有优良的耐腐蚀性能。由 UP 树脂作为基体材料制成的玻璃纤维增强 UP 树脂基复合材料具有良好的耐盐溶液性能。

（6）加工性能

UP 树脂可以在室温下固化，并在常压下成型，工艺性能灵活，加工性能优良。

UP 树脂的交联反应属自由基聚合，固化过程中无低分子副产物放出，因而可以在低压和接触压力下成型，适合大型制品的生产。

UP 树脂黏度较低，对纤维的浸渍速度快，黏结性好，因此可采用拉挤成型工艺制备连续纤维增强 UP 树脂基复合材料制品。拉挤成型工艺是将浸渍树脂胶液的增强材料在牵引力的作用下，通过挤压模具成型固化，连续不断地生产长度不限的复合材料制品。拉挤成型工艺适于生产各种断面形状的复合材料型材，如棒、管和空腹型材等，生产过程完全自动化，生产效率高，产品质量稳定，强度高。

UP 树脂（牌号：RASCHIG，RALUPOL® UP 802）的主要性能参数如表 2.16 所示。

表 2.16 UP 性能参数（牌号：RASCHIG，RALUPOL® UP 802）

项目	数值	测试标准
物理性能		
密度/(g/cm³)	1.90	ISO 1183
吸水率(24h)/%	0.55	ISO 62-1
力学性能		
弯曲模量/GPa	140	ISO 178
弯曲强度/MPa	90	ISO 178
拉伸模量/GPa	120	ISO 527
拉伸强度/MPa	70	ISO 527
简支梁缺口冲击强度/(kJ/m²)	2.0	ISO 179
热性能		
玻璃化转变温度/℃	90	ISO 11357
热变形温度(1.8MPa)/℃	140	ISO 75
UL 可燃等级	V-0	UL94
电性能		
体积电阻率/10¹⁵Ω·cm	0.10	IEC60093
加工性能		
收缩率/%	0.90	ISO2577

2.7.5 应用

UP 树脂涂料是发展最早的涂料品种之一，将 UP 树脂作为涂料不但涂膜性能优良而且成本低廉，因此在涂料工业中应用广泛。典型的，海洋船舶的表面在附着上海洋生物以后，不仅船舶重量会增加，而且航速会变慢，燃油消耗量增加，加剧船舶、水下设备设施等的腐蚀程度，降低其使用寿命。为了降低海洋生物附着的危害，防止海洋生物对船舶和海上设备设施的污损，人们开发了防污 UP 树脂涂料，有效解决该问题。

除此之外，非增强型的 UP 树脂也被用来制造人造大理石，应用于高铁列车上的卫生间洗漱台和餐厅吧台等。

　　纯的 UP 树脂固化物其力学性能较低，难以满足大部分应用领域的要求，故一般将以其为基体材料与玻璃纤维复合制成复合材料应用。玻璃纤维增强 UP 树脂基复合材料具有优异的电气性能和耐腐蚀性能，质轻且工程设计灵活，其制品生产具有机械化程度高、生产效率高、产品质量稳定、生产成本低等优点，被广泛应用于交通运输、建筑工程、电气工业、通信工程及化工等行业中。

　　玻璃纤维增强 UP 树脂基复合材料广泛应用于汽车零部件的制造，如图2.35，其主要用于车身部件、结构件和功能件。其制品用于车身的部件主要有车身壳体、天窗、车门、前后保险杠以及后备箱盖等；用于结构件的主要有前端支架、座椅骨架及低板凳；用于功能件的主要有前后灯罩、发动机气门罩盖、进气管护板、水箱部件、油箱壳体等；还有一些诸如房车的卫生设施部件、高速公路防撞立柱和防眩板等也使用玻璃纤维增强 UP 树脂基复合材料制品。

图 2.35　汽车引擎盖中会使用玻璃纤维增强 UP 树脂基复合材料

　　除此之外，因其优异的耐环境性能，玻璃纤维增强 UP 树脂基复合材料在化工领域中常被用作输送管道等，如图 2.36 所示。

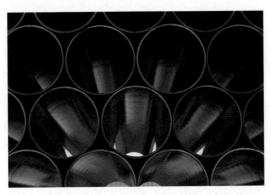

图 2.36　使用玻璃纤维增强 UP 树脂基复合材料制成的耐腐蚀输送管道

2.8 聚氨酯

聚氨酯（polyurethane，PU），全称为聚氨基甲酸酯，是链段中含有氨基甲
酸酯基团（$-NH-\overset{\overset{\textstyle O}{\|}}{C}-O-$）的一类高分子材料的统称。根据合成所用的反应物种
类不同，可以分为聚醚型聚氨酯和聚酯型聚氨酯等。按照合成体系的溶剂类别分
类，可以分为无溶剂型聚氨酯、有机溶剂型聚氨酯、水性聚氨酯。

作为结构材料的聚氨酯材料一般称为聚氨酯弹性体，按照加工特点可以分为
热塑性聚氨酯（TPU）、浇筑型聚氨酯（CPU）、混炼型聚氨酯（MPU）。

2.8.1 概述

1937年，德国学者Otto Bayer在德国的勒沃库森实验室首次使用了多异氰
酸酯和多元醇合成PU。1946年，美国首先将硬质PU泡沫应用于飞机夹心板材
部件。1954年美国Dupont公司研发了聚醚多元醇合成PU的工艺流程，标志着
PU的工业化生产。1957年，英国ICI公司以MDI和聚酯多元醇为原料自主研
发出了一种新型聚氨酯硬泡材料，是现今应用最多的一种PU材料。

聚氨酯弹性体可作为橡胶材料在日常生活及防火等领域有着诸多应用，发泡
后的聚氨酯泡沫材料同时具备保温、防水、隔音、吸振等诸多功能，可作为建筑
表面隔热层材料，也广泛用于各种壳体材料中，纺丝后制得的聚氨酯纤维（氨
纶）的高弹性、减震性使其在体育用品方面广泛应用。此外，聚丁二烯型聚氨酯
也可作为涂料和胶黏剂应用于建筑及电子电气等领域。

2.8.2 合成

PU的合成过程是异氰酸酯基和羟基的加成聚合反应。

$$R^1-N=C=O + R^2-OH \longrightarrow R^1-NH-\overset{\overset{\textstyle O}{\|}}{C}-O-R^2$$

聚合过程中，使用多元异氰酸酯与多元醇作为单体，异种单体之间通过以上
加成反应形成氨基甲酸酯基团，连接成线形或交联高分子。以常用的二元异氰酸
酯（二苯基甲烷二异氰酸酯，MDI）与大分子二元醇（聚丙二醇，PPG）为例，
发生的聚合反应如下。

$$n\ OCN-\!\!\!\bigcirc\!\!\!-CH_2-\!\!\!\bigcirc\!\!\!-NCO + n\ HO\!-\!\!\left[CH_2-CH-O\right]_m\!\!-H \longrightarrow$$
$$\underset{CH_3}{}$$

$$OCN-\!\!\!\bigcirc\!\!\!-CH_2-\!\!\!\bigcirc\!\!\!-NHCOO\!\!\left[CH_2-CH-O\right]_m\!\!-OCONH-\!\!\!\bigcirc\!\!\!-CH_2-\!\!\!\bigcirc\!\!\!-NCO$$

2.8.3　结构

PU 分子链按照刚性不同可以分为多异氰酸酯主体部分和氨基甲酸酯基团组成的硬段和大分子多元醇主体部分组成的软段。

$$-\!\!\!\bigcirc\!\!\!-CH_2-\!\!\!\bigcirc\!\!\!-NHCOO\!\!\left[CH_2-CHO\right]_m$$

硬段　　　软段

PU 分子链的软段组成取决于参与反应的大分子多元醇种类，主要可以分为以下三种。

（1）聚酯型软段

聚酯型软段由大分子聚酯多元醇反应得到。聚酯多元醇的特点是分子内含有大量的酯基，同时两端或链中间有多个羟基，以便与异氰酸酯基反应。最常用的聚酯二元醇是聚碳酸酯二元醇。聚酯型软段含有大量具有极性的酯基，使得聚酯型聚氨酯的力学性能和热稳定性比较优异。然而酯基也带来了水解稳定性差、加工性能差等缺点。聚碳酸酯二醇的结构式如下所示。

$$HO-R\!\!\left[\underset{}{OCO}-R\right]_n\!\!-H$$

（2）聚醚型软段

聚醚型软段由大分子聚醚多元醇反应得到。聚醚多元醇分子内含有大量的醚键，与聚酯型相比链段柔性更强，同时极性弱，内聚能低，给材料提供了更佳的低温性能和加工性能，同时水解稳定性比聚酯型聚氨酯好，在日用领域更受人们青睐。最常使用的聚醚二元醇是聚四亚甲基醚二醇。聚四亚甲基醚二醇的结构式如下所示。

$$HO\!\!\left[CH_2\ CH_2\ CH_2\ CH_2O\right]_n\!\!-H$$

（3）聚丁二烯型软段

聚丁二烯的链段由大量不饱和碳碳双键构成。聚丁二烯二元醇与多元异氰酸酯反应生成的聚丁二烯型聚氨酯常用于合成涂料和胶黏剂，由其合成的胶黏剂粘接性好，耐腐蚀。

PU 的硬段含有多个氨基甲酸酯基团，同时大多包含苯环等刚性基团，刚性大，极性强。同时，硬段中的氨基能够与其他分子链的硬段形成氢键，导致硬段之间的结合力强，在聚合物中倾向于形成紧密有序排列的硬段群。PU 软段相较于硬段更长，而且分子间作用力弱，链段柔性强，在紧密排列的硬段群之外形成线团状的松散无序结构。

PU 的软段与硬段的极性、刚性均有很大差别，这种性能差异导致二者热力学上不相容，形成微相分离。常温下，PU 的硬段由其强分子间作用力结合在一起，形成紧密有序的硬棒状的硬段相，软段较长而柔性强，形成杂乱无序，类似线团的软段相。

硬段相和软段相的分离程度主要由硬段和软段之间的作用力决定。如果硬段之间氢键结合紧密，刚性大，软段松散柔软，没有氢键生成，则微相分离比较彻底，材料的性能也得到提高，如果软硬段之间性质相差不大，或产生了软硬段间的氢键，则微相分离不完全，材料性能变差。

PU 的软硬段性能差异与微相分离是其优异性能的主要来源。PU 的刚性、硬度、交联能力以及 TPU 分子链间形成的物理交联作用主要来源于硬段的刚性基团和小分子扩链剂，同时其韧性、加工性能、低温性能主要来源于软段的柔性高分子链。

TPU 是一类具有特殊性质的聚氨酯弹性体。常规的聚氨酯使用的单体和扩链剂均是多官能度，在聚合过程中形成化学交联网络，生成的聚氨酯显示出热固性。TPU 使用的异氰酸酯、大分子醇、扩链剂的官能都均为 2，所以只能生成线形高分子。常温下，由于微相分离作用，线形聚氨酯分子中的硬段仍然会紧密排列在一起，起到将多个线形分子链交联到一起的作用，使材料在常温下显现出交联高分子的性质，这种作用被称为物理交联。高温下，硬段之间由于分子热运动加剧而解除物理交联，材料恢复线形高分子的热塑性质。TPU 兼具交联高分子材料的优异力学性能和热塑性高分子材料的良好加工性能，是多种应用领域的理想材料。

2.8.4 性能

（1）物理性能

PU 是白色不透明的弹性体材料，无毒，密度 $1.10\sim1.25\text{kg/cm}^3$，数均分子量在 10000 以上。PU 泡沫塑料的密度约为 $0.035\sim0.040\text{kg/cm}^3$。

（2）力学性能

PU 在力学性能上呈现强而韧的特征，但由于其特殊的微相分离结构，PU 的拉伸强度和拉伸模量受合成方案、工艺等的影响变化极大。举例来说，硬段含量（PU 材料中硬段相所占的比例）高的 PU 刚性、强度明显增强，拉伸模量和强度都大幅提高，而断裂伸长率降低。

此外，对于 TPU，合成时加入的异氰酸酯与二醇的物质的量之比即是反应体系中异氰酸酯基与羟基之比（一般称为异氰酸酯指数 R），这一比值会影响产物的分子量，从而影响制品的力学性能。一般来说，R 越接近 1，材料的力学性能越好。

（3）热性能

受软段不同基团极性、柔性不同的影响，聚醚型聚氨酯和聚酯型聚氨酯的热性能有一定差异。聚醚型聚氨酯玻璃化温度为 100～106℃，聚酯型聚氨酯玻璃化温度 108～123℃。聚醚型和聚酯型聚氨酯的脆化温度低于 −62℃，聚醚型聚氨酯的耐低温性能优于聚酯型。

TPU 的玻璃化温度在 −30～−70℃。从 150℃ 开始，TPU 的硬段氢键逐渐被破坏，物理交联作用解除，材料开始转变为热塑性。这一过程的起始与终止温度与 PU 软段和硬段成分有关，但普遍的加工温度一般在 180～230℃。

PU 的热分解来源于氨基甲酸酯基团的分解。受氨基甲酸酯基团两端连接的基团性质的影响，不同种类 PU 材料的热分解温度有所不同，分解产物也不同。氨基甲酸酯基团两端连接的脂肪族基团越多，热分解温度就越高，最高可达 250℃。

（4）耐环境性能

芳香族硬段在紫外线的照射下可能发生光氧化，产生黄色的醌亚胺基，使制品颜色变黄，称为"黄变"。"黄变"对块状材料的性能并无太大影响，只改变表面颜色，但对于 PU 涂料，"黄变"是必须避免的现象。使用脂肪族的硬段单体合成 PU 可以有效阻止"黄变"的产生。

PU 中的氨基甲酸酯基团含有酯键，容易水解、醇解或胺解。然而硬段相的高疏水性一定程度上保护了酯键，导致氨基甲酸酯基团中的酯键耐水解性能相对良好。然而，如果 PU 的软段是聚酯型，那些软段上的酯键很可能会因为水浸而断裂，促使分子量降低。因此，聚醚型聚氨酯的耐水解性要远高于聚酯型聚氨酯。

线形的 PU 溶于一般的有机溶剂，如 THF、DMF、DMSO 等，而且其溶解度随硬段有序程度的上升而下降。交联型的 PU 在有机溶剂中不溶解，但会发生溶胀。

（5）加工性能

TPU 在高温下显示出热塑性，适用于挤出、吹塑、注射等多种成型方法。需要注意的是，TPU 加工前必须充分干燥，而且由于 TPU 熔融指数对温度的依存性，在加工过程中必须严格控制温度。

表 2.17 是 TPU（牌号：Covestro AG，Desmopan 1490A）的基本性能。

表 2.17　TPU（牌号：Covestro AG，Desmopan 1490A）的基本性能

项目	数值	测试标准
物理性能		
密度/(g/cm^3)	1.22	ISO 1183
吸水率(23℃,饱和值)/%	3	ISO 62
力学性能		
拉伸强度/MPa	53	DIN 53504
拉伸模量/MPa	33	DIN 53504
断裂伸长率/%	568	DIN 53504
抗磨损性/mm^3	11	ISO 4649-A
压缩回弹/%	30	ISO 4662
热性能		
玻璃化转变温度/℃	−40	ISO11357
脆化温度/℃	−62	ISO 974-2000
热膨胀系数/(10^{-4}/℃)	0.8	ISO 11359
电性能		
表面电阻率/Ω	$1\times10^6 \sim 1\times10^9$	IEC 60093
体积电阻率/Ω·m	$1\times10^9 \sim 1\times10^{13}$	IEC 60093
介电常数(25℃,60Hz)	6.0～7.0	IEC 60250
介电常数(25℃,10^3Hz)	5.5～6.5	IEC 60250
介电损耗因子(tanδ)(25℃,60Hz)	0.02～0.03	IEC 60250
介电损耗因子(tanδ)(25℃,10^3Hz)	0.03～0.04	IEC 60250
加工性能		
料筒温度/℃	180～200	
加工温度/℃	210～230	

2.8.5　应用

　　PU材料种类繁多，性能各异。单体种类、合成配比和工艺不同的PU往往拥有截然不同的性能，因此应用领域也大相径庭。

　　聚氨酯硬泡沫材料是由浇筑型聚氨酯制成的泡沫结构高分子材料，是目前国内所有建材中热导率最低的保温材料。聚氨酯硬泡沫材料同时具备保温、防水、隔音、吸振等诸多功能，不但适合作为建筑表面隔热层材料，如图2.37所示，也广泛用于冰箱、冷库的外壳、管道、仪器壳体中。用作壳体材料的聚氨酯硬泡沫材料不但隔热防水，还便于废弃后回收再生。

图2.37　用于墙体保温的聚氨酯硬泡隔热层

　　聚氨酯纤维在服装产业中称为氨纶，具有高断裂伸长率（400％以上）、低模量和高弹性回复率。氨纶比乳胶丝更耐化学降解，具有中等的热稳定性，软化温度约在200℃以上。此外，氨纶的高弹性、减震性使其在体育用品方面也占据一席之地。职业游泳运动员使用的"鲨鱼皮"泳衣，如图2.38所示，使用氨纶材料制作，使运动员在水中前进时受到的阻力减少了3％，大大提高了运动员的成绩。滑雪、游艇领域的体育用品也常有使用聚氨酯纤维的。

　　聚氨酯弹性体具有高强度、高弹性、加工性能优异等众多优点，在生活中众多领域都有应用，如雨衣、雨鞋、医用手套、血浆袋等塑胶制品。在国防领域，聚氨酯弹性体可以制成飞机油箱、武器封存覆膜、帐篷窗口、军用水袋、救生衣、充气艇等之面料及内里面料、气囊等制品。图2.39所示为由聚氨酯材料制成的飞艇。

　　此外，由于聚氨酯弹性体优异的防火、隔热、防水、隔音性能，它也常用作

图 2.38 聚氨酯纤维制成的氨纶泳衣

图 2.39 由聚氨酯材料制成的飞艇

防水条、隔音材、防火材、防火衣、消防服、防火布面料等，以及电线电缆保护套材料。

聚氨酯涂料和胶黏剂常用聚丁二烯型聚氨酯。聚氨酯黏结剂应用于木屑板及中密度板（MDF）等木质纤维板生产，因为能避免在家庭内装潢时有甲醛释放而日益受到重视。在电子产业中，具有优良耐磨耗性及附着性的聚氨酯胶黏剂在录音/录像带、电脑用磁盘及 IC 卡和电子乘车票等制造过程中，被作为各种记录媒体磁性材料的粘接剂，使记录密度得到提高。此外，聚氨酯绝缘密封清漆被用于制造漆包线。

在航空领域，高密度的聚氨酯软质泡沫常用于飞机座椅垫，具有较高的拉伸强度和压缩复合比。高硬聚氨酯涂料因其涂膜厚、表面高度平整、对防锈钢板的适用性很强等优异性能，被波音、空客、麦道等飞机制造公司广泛使用。聚氨酯胶具有良好的黏结性、绝缘性、耐水性和耐磨性，可用于铝、钢、玻璃等材料之间的胶结，在飞机零件的胶结结构中也得到广泛使用。

思考题

1. LDPE、HDPE、LLDPE 与 PP 在结构、性能上有何区别？

2. UHMW-PE 的合成方法是什么？在结构上与普通 PE 有何区别？主要应用是什么？

3. 分别列出 PS 的主要二元、三元共聚物，阐述其合成过程、结构特点及特性。

4. PVC 的性能有何优劣？简述 PVC 改性的主要方法和产物特性。

5. 阐述热塑性酚醛树脂和热固性酚醛树脂的结构和性能异同。

6. 阐述氨基塑料的主要种类和应用。

7. 阐述 PET 和 PBT 的结构和性能异同。

8. 阐述不饱和聚酯的特点及应用。

9. 阐述聚氨酯弹性体的结构特点。

参考文献

［1］王玉琦，申丛祥．塑料材料［M］．北京：北京航空航天大学出版社，1993.

［2］Michel Biron. Thermoplastics and Thermoplastic Composites（Third Edition）［M］. Elsevier, 2018.

［3］Guo Y，Zhang T，Chen M，et al. Constructing tunable bimodal porous structure in ultra-high molecular weight polyethylene membranes with enhanced water permeance and retained rejection performance［J］. Journal of Membrane ence, 2020, 619.

［4］Liu X，Li M，Li X，et al. Ballistic performance of UHMWPE fabrics/EAMS hybrid panel［J］. Journal of materials science, 2018, 53（10）：7357-7371.

［5］Zhang Z，Ren S. Functional Gradient Ultrahigh Molecular Weight Polyethylene for Impact-Resistant Armor. ACS Applied Polymer Materials, 2019: 2197-2203.

［6］李欣达．橡胶组成对 ABS 性能的影响［J］．上海塑料，2019（02）：12-18.

［7］Marie B J，Morgan C H，Alexander C，et al. Covalent Functionalization of Flexible Polyvi-nyl Chloride Tubing［J］. Langmuir, 2018, 34: acs. langmuir. 7b03115.

［8］Andrade B T N C，Bezerra A C D S，Calado C R．Adding value to polystyrene waste by chemically transforming it into sulfonated polystyrene［J］. Matéria（Rio de Janro）, 2019, 24（3）.

［9］Chaudhary A K，Vijayakumar R P．Synthesis of polystyrene/starch/CNT composite and study on its biodegradability［J］. Journal of Polymer Research, 2020, 27（7）.

［10］Varnagiris S，Doneliene J，Tuckute S，et al. Expanded Polystyrene Foam Formed from

Polystyrene Beads Coated with a Nanocrystalline SiO$_2$ Film and the Analysis of Its Moisture Adsorption and Resistance to Mechanical Stress [J] . Polymer-Plastics Technology and Engineering, 2017: 03602559. 2017. 1381244.

[11] Zhang F S, Ouyang J, Ma X T, et al. Synthesis of Phenolic Resin and its Sand Consolidation [J] . Advanced Materials Research, 2013, 647: 774-776.

[12] Wu K, Wang Z, Yuan H. Microencapsulated ammonium polyphosphate with urea-melamine-formaldehyde shell: preparation, characterization, and its flame retardance in polypropylene [J] . 2010, 19 (8) : 1118-1125.

[13] Bora Jeong, Byung-Dae Park, Valerio Causin. Influence of synthesis method and melamine content of urea-melamine-formaldehyde resins to their features in cohesion, interphase, and adhesion performance [J] . Journal of Industrial and Engineering Chemistry, 2019, 79: 87-96.

[14] Geng X, Huang R, Zhang X, et al. Research on long-chain alkanol etherified melamine-formaldehyde resin Micro PCMs for energy storage [J] . Energy, 2020, 214.

第3章
工程高分子材料

3.1　聚酰胺

聚酰胺（polyamide，PA）是主链中含有酰胺基团的结晶性高分子材料，俗称尼龙（Nylon）。根据聚合过程所用单体种类的不同，聚酰胺可分为 PAn 型和 PAmn 型聚酰胺。

3.1.1　概述

1935 年，美国 DuPont 公司首次研制出 PA66，并通过拉伸工艺制得 PA66 纤维，于 1939 年实现工业化生产。1937 年，德国 BASF 公司首次研制出 PA6，并于 1942 年实现工业化生产。第二次世界大战期间，PA 纤维发展迅速，被广泛用于降落伞以及飞机轮胎等军工产品。1956 年，英国 Polymer 公司采用碱催化聚合法，以己内酰胺为单体，成功研制出单体浇注尼龙（MC 尼龙）。1967 年，美国 DuPont 公司成功研制了耐热性良好的聚间苯二甲酰间苯二胺［poly（m，p-phenylene isophthalamide），PMIA］纤维，商品名为 Nomex®，又于 1972 年研制出高强度和高模量的聚对苯二甲酰对苯二胺（poly-p-phenylene terephthalamide，PPTA）纤维，商品名为 Kevlar®。

PA 作为塑料材料主要用来代替金属用作耐磨、传动、密封等零件，广泛应用于工业生产之中。在 PA 树脂中加入玻璃纤维制成的玻璃纤维增强 PA 树脂复合材料力学强度大幅度提高，可制成耐热承力制件广泛用于航天、汽车、机械及化工等领域。PA 纤维制品又称芳纶纤维，由于其高强高模及高耐冲击性能应用于绳索及防弹领域，经加工制得的芳纶蜂窝多用于高速列车、大型飞机等夹层复合材料。

3.1.2 合成

PAn 聚酰胺主要是由内酰胺或氨基酸单体自身缩聚合成。

PA6 的合成方程式如下。

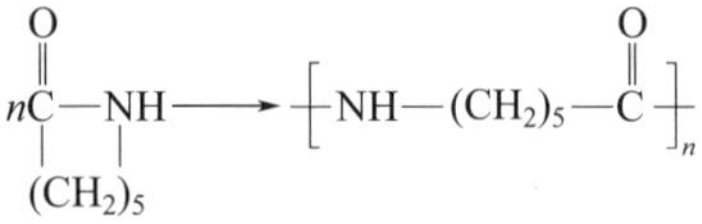

PA66 由己二胺和己二酸进行缩聚制得，合成分为两步，方程式如下所示。

$$HOOC(CH_2)_4COOH + H_2N(CH_2)_6NH_2 \xrightarrow{60℃} OOC(CH_2)_4COO^- {}^+H_3N(CH_2)_6NH_3^+$$

$$^-OOC(CH_2)_4COO^- {}^+H_3N(CH_2)_6NH_3^+ \xrightarrow{200\sim250℃} \left[HN(CH_2)_6NH-\overset{O}{\overset{\|}{C}}-(CH_2)_4-\overset{O}{\overset{\|}{C}} \right]_n + (2n-1)H_2O$$

PMIA 的合成反应方程式如下所示。

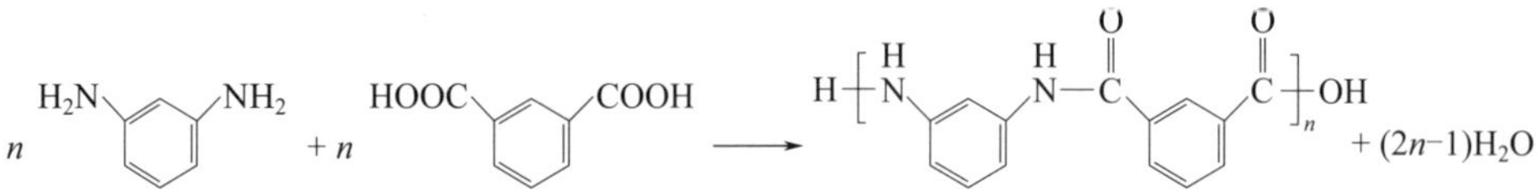

PPTA 的合成反应方程式如下所示。

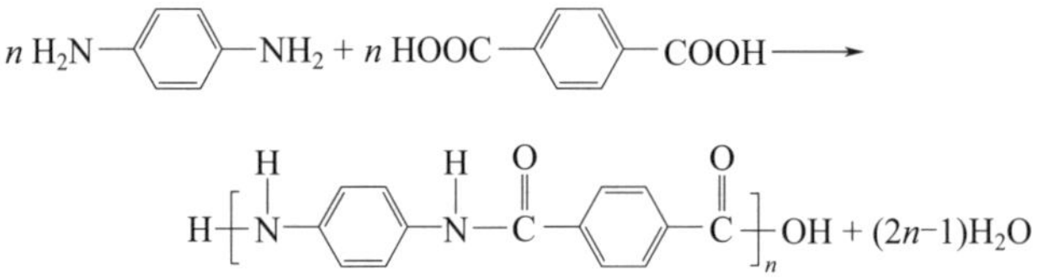

3.1.3 结构

PA 在结构上的共同特征是含有极性酰胺键—CONH—，X 射线衍射结果表明—NH—上的氢原子和—CO—上的氧原子形成了氢键，并处于同一平面内，相距 0.28nm。氢键的数量取决于聚酰胺组成、酰胺键浓度及立体化学结构。PA 链构象受分子间氢键影响很大，分子链呈平面锯齿形，由分子间的氢键连接成平行排列的片状结构。由于原料不同，在聚酰胺分子链结构中还可能含有亚甲基、脂环基以及芳基，它们的存在影响了 PA 的柔性、刚性及耐热性，PA 分子链末端还含有氨基和羧基，在高温下有一定的反应活性。

PA 是典型的结晶性高分子材料，其分子链结构是影响结晶能力的决定性因素。PA 大分子中的酰胺键之间有较大的分子间作用力，分子主链段之间又能形成氢键，所以大分子链排列较为完整，这是其具有较高结晶能力的重要因素之一。PA 分子链的对称结构是其具有较高结晶能力的又一重要因素，对称性越高，越容易结晶。但是，不是所有的 PA 分子都能结晶，部分非结晶性的 PA 分子链中的酰胺键可以与水分子配位，进而使 PA 具有一定的吸水性。PA 结晶度的主要影响因素大概有以下几点：分子链排列越规整越容易结晶，大分子链间的相互作用增大有利于结晶，大分子链上取代基的空间位阻越小越有利于结晶，分子结构越简单越容易结晶。例如，PA46（聚己二酰丁二胺）由丁二胺和己二酸缩聚而成，结晶度几乎是所有同类 PA 中最高的。这是因为在 PA46 的分子链结构中，每一个酰胺键的两侧都有四个次甲基对称排列，具有较好的规整性。几种常见的 PA 的晶格参数如表 3.1 所示。

表 3.1　PA 的晶格参数

晶体种类	基本晶系	晶胞轴 /nm		轴间角	
PA6	单斜晶系	a	0.956	α	90°
		b	0.344	β	67.5°
		c	0.801	γ	90°
PA66	三斜晶系	a	0.49	α	48.5°
		b	0.54	β	77°
		c	1.72	γ	63.5°

3.1.4　性能

（1）物理性能

PA 是一种半透明、乳白色的固体，密度在 $1.01 \sim 1.16\text{g/cm}^3$，吸水率较高，可达 10% 左右。随着分子中亚甲基含量的增加和酰胺键含量的降低，PA 的结晶度与密度均降低。PA 是一种较耐磨的材料，摩擦系数较一般的工程塑料小，且耐磨损，因此常用于有耐磨需求的领域。

（2）力学性能

PA 的力学性能优异。PA 的主链重复单元含有极性酰胺基团，酰胺基团的存在使得 PA 能形成氢键，PA 分子链有序排列，结晶性高，分子间相互作用力相应提升，在外力作用下分子链不易断裂，因此具有较高的强度和模量。由于结构中含有亚甲基，PA 分子链具有良好的柔性，制品韧性较好。PA 的拉伸强度可达 80MPa，弯曲模量可达 3.0GPa，较通用高分子材料显著提高。

牌号为 Kingfa-10TD 的聚对苯二甲酰癸二胺（PA10T）应力-应变曲线如图 3.1 所示。

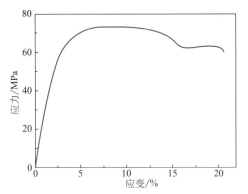

图 3.1　PA10T（牌号：Kingfa-10TD）的
应力-应变曲线

（3）热性能

PA 是结晶性高分子材料，分子间相互作用力大，因而 PA 的热性能优异。PA6 的玻璃化转变温度约为 50℃，熔点约为 220℃，具有较好的热稳定性。PA 的熔点主要受氢键密度（酰胺键数量）和柔性（亚甲基数量）两方面的影响，由于奇碳数与偶碳数的 PA 形成分子间氢键的规律不同，因此 PA 的熔点随亚甲基数量的增加呈现锯齿形下降。对于 PAn 型聚酰胺，亚甲基数为奇数时的熔点较相邻偶数时更高，而对于 PAmn 型聚酰胺，仅在二元胺和二元酸的碳原子数均为偶数时熔点才会更高。由于主链上的酰胺键可形成分子间氢键，PA 具有较好的热稳定性，热变形温度可达 70℃。

（4）电性能

PA 的介电常数约为 3.5～4.2，介电损耗约为 0.008～0.03，其介电性能与分子结构有关。研究表明，非极性高分子材料的介电常数和介电损耗通常较极性高分子材料更低。虽然 PA 具有极性的酰胺键，但酰胺键处于主链上，活动性小，取向随主链构象变化，对介电性能影响小，因此 PA 的介电常数和介电损耗都不高。PA 易吸水，水的存在会增加电导电流和极化度，使 PA 介电损耗增加，介电性能恶化，因此 PA 不适合在高频和湿态环境下使用。

（5）耐环境性能

PA 对烃类溶剂，尤其是汽油和润滑油类具有特别强的抵抗能力。PA 可溶解于浓无机酸、甲酸、酚类、特定的金属盐溶液（如氯化钙的甲醇溶液）、热苯甲醇、氟乙醇和氟乙酸等，在碱性介质条件下几乎不水解，但在酸介质下水解。

PA 在高温下的长期服役性能较差，长期暴露在 60℃以上的空气中，PA 制品表面将发生变色，冲击强度显著下降，浸油、隔绝氧气等方法可以提高 PA 的高温服役寿命。PA 不耐紫外光，阳光直射易引起 PA 制品的脆化与破坏。

（6）加工性能

PA 熔点较高，因此成型温度也较高。PA 的分解温度一般在 300℃左右，对于多数 PA，只需在熔点到分解温度之间选择加工温度即可。在高加工温度下 PA 易分解，导致制品发脆，因此需要严格控制加工成型过程的温度或使用抗氧剂等，以尽可能地避免热降解。

表 3.2 及表 3.3 给出了 PA6（牌号：DuPont，Zytel 7335F NC010）和 PA66（牌号：DuPont，Zytel 101 NC010）的性能参数。

表 3.2　PA6 性能参数（牌号：DuPont，Zytel 7335F NC010）

项目	数值	测试标准
物理性能		
密度/(g/cm^3)	1.13	ISO 1183
吸水率/%	9.5	ISO 62
洛氏硬度(R-scale)	85	ISO 2039-2
力学性能		
拉伸强度/MPa	92	ISO 527-1/-2
拉伸模量/GPa	3.6	ISO 527-1/-2
断裂伸长率/%	15	ISO 527-1/-2
弯曲模量/GPa	3.1	ISO 178
缺口冲击强度/(kJ/m^2)	3.5	ISO 180/1A
热性能		
熔点/℃	221	ISO 11357-1/-3
玻璃化转变温度/℃	60	ISO 11357-1/-2
热变形温度(1.8MPa)/℃	65	ISO 75-1/-2
热膨胀系数/(10^{-4}/K)	0.76	ISO 11359-1/-2
电性能		
表面电阻率/Ω	1×10^{11}	IEC 62631-3-2
体积电阻率/Ω·m	1×10^{13}	IEC 62631-3-1
介电强度/(kV/mm)	30	IEC 60243-1
介电常数(25℃,10^2Hz)	4.2	IEC 62631-2-1
介电损耗(25℃,10^2Hz)	0.03	IEC 62631-2-1
加工性能		
收缩率/%	0.6	ISO 294-4

表 3.3　PA66 性能表（牌号：DuPont，Zytel 101 NC010）

项目	数值	测试标准
物理性能		
密度/(g/cm^3)	1.14	ISO 1183
吸水率/%	8.5	ISO 62
洛氏硬度	121	ISO 2039-2
力学性能		
拉伸强度/MPa	82	ISO 527-1/-2
拉伸模量/GPa	3.1	ISO 527-1/-2
断裂伸长率/%	45	ISO 527-1/-2
弯曲强度/MPa	90	ISO 178
弯曲模量/GPa	2.8	ISO 178
缺口冲击强度/(kJ/m^2)	5.5	ISO 180/1A
热性能		
熔点/℃	262	ISO 11357-1/-3
玻璃化转变温度/℃	65	ISO 11357-1/-2
热变形温度(1.8MPa)/℃	70	ISO 75-1/-2
热膨胀系数/(10^{-4}/K)	1.0	ISO 11359-1/-2
电性能		
表面电阻率/Ω	1×10^{12}	IEC 62631-3-2
体积电阻率/Ω·m	1×10^{13}	IEC 62631-3-1
介电强度/(kV/mm)	32	IEC 60243-1
介电常数(25℃,10^2Hz)	3.8	IEC 62631-2-1
介电常数(25℃,10^6Hz)	3.5	IEC 62631-2-1
介电损耗(25℃,10^2Hz)	0.008	IEC 62631-2-1
介电损耗(25℃,10^6Hz)	0.018	IEC 62631-2-1
加工性能		
收缩率/%	1.4	ISO 294-4

3.1.5　应用

　　尼龙作为工程高分子材料自诞生起就有了广泛的应用，主要用来代替金属用作耐磨、传动、密封等零件，产品包括各类滑块、滑轮、轴套、轴瓦、齿轮、涡轮、活塞环、密封圈、密封环、螺旋桨、叶轮等，如图 3.2。使用尼龙制备的零件能够长期保持润滑性，耐冲击性好，使用寿命较金属更长，且成型容易、重量更轻、成本更低，因此在冶金、国防、地质、矿山、食品、纺织、化工、造纸、印刷、造船、汽车、医疗器械等多个工业部门都取得了广泛应用。

图 3.2　聚酰胺齿轮

　　将间位芳香族 PA 纸经涂胶、叠合、热压、拉伸、浸胶、定型、切片等程序，可以加工成芳纶蜂窝，用于高速列车、大型飞机等夹层复合材料。芳纶蜂窝材料相比于铝蜂窝而言的突出特点是轻质高强，加工性好，不易刮伤表面，大跨度不易变形，阻燃性好，耐腐蚀性强。其中，Nomex®蜂窝（图 3.3）夹层结构隔热材料广泛应用于机翼的制造。以 PA 为基体材料的预浸带可以用于复合材料制件的维修，利用预浸带修复相比于湿法铺层强度更高，可用于飞行器遭受冰雹、鸟撞等损伤后的维修。

图 3.3　Nomex®蜂窝（来自英国 Corex Honeycomb）

全芳族 PA 是单体均含有苯环的 PA，其纤维被称为芳纶纤维。全芳族 PA 相比于半芳族 PA 刚性更大，耐热性能更强。芳香族 PA 有许多种，最具有实用价值的有三种，分别是均聚的聚对苯甲酰胺（PBA）以及共聚的聚对苯二甲酰对苯二胺（PPTA）和聚间苯二甲酰间苯二胺（MPIA）。PPTA 主要用作纺丝的原料。其纤维具有高比强度、比模量，高热稳定性，尤其是 Kevlar-49 纤维，是重要的复合材料用增强纤维。Kevlar$^®$ 49 树脂基复合材料已成功地用于制造波音 757、波音 767 和协和飞机的壳体材料、内部装饰材料和座椅等，可减重 30％。芳纶复合材料在美国洛克希德公司的 L1011 飞机上用于制造仪表盘、侧壁板和高跨货架等。麦道公司的 MD-82 的尾锥、发动机吊舱、机翼后缘板也普遍采用芳纶复合材料。高性能芳纶被用于国防、航空航天、武器兵装、橡胶工业、电子通信、汽车工业、油气勘探、体育用品等多个行业。

在导弹方面，主要使用芳纶纤维制备导弹壳体及固体燃料储罐。由于固体发动机陆基导弹一、二、三级发动机每个减轻 1kg，将相应增加射程 0.6km、3.0km、16.0km，因此使用芳纶纤维复合材料代替金属壳体意义是十分重大的。如美国三叉戟 IC4 潜地导弹壳体采用 Kevlar$^®$ 纤维/环氧树脂 HRBF-55 复合材料，其射程可达 7400km，相较于使用超高强度钢做壳体的北极星 A1 型导弹射程提升了 33 倍。MX 陆基洲际导弹的一、二、三级发动机也是用芳纶/环氧复合材料制成的。战斧式巡航导弹的头锥采用了芳纶纤维/聚酰亚胺复合材料，具有良好的抗冲击性和耐磨性。此外，航弹引信也广泛采用热塑性高分子材料替代金属。PA6 用于国产 107 型航弹引信体，可简化工艺，降低成本，且便于回收再利用。

航天器方面，由于芳纶纤维有较好的蠕变特性，主要采用芳纶纤维作为缠绕压力容器的增强材料，用于宇宙飞船的液氢液氧容器。美国航天飞机中的 17 个高压容器是由芳纶纤维制造的。此外，由于芳纶纤维的耐辐射性和抗冲击性，它也被添加到航天加压服中，在宇航员出舱活动时保护人体免遭空间微粒袭击。

高模量 PPTA 的能量传播速度是高强 PA 的四倍。PPTA 相比于碳纤维韧性更佳，相比于高强 PE 纤维耐热性更好，且具有很高的强度和模量，因此适于制作防弹装备。美军自 20 世纪 70 年代起就致力于将 Kevlar$^®$ 纤维用于单兵防弹装备，如图 3.4。Kevlar$^®$ 纤维轻质、耐用、阻燃的特性也使其在战斗车辆、舰艇、飞机和直升机装甲系统中有着广泛应用。

PPTA 也可以应用在摩擦材料、光缆增强材料、航天器降落伞和深海钻井用锚绳等领域，在工业织物领域（如高温高速传送带和军用织物）也有广泛应用。

图 3.4　Kevlar® 纤维应用在 SDMS MK5 防弹衣中

3.2　聚甲醛

聚甲醛（polyoxymethylene，POM）是一种主链含有亚甲基和氧原子的结晶性高分子材料，根据聚合过程所用单体种类的不同，聚甲醛可分为均聚甲醛和共聚甲醛两大类。

3.2.1　概述

1942 年，美国 DuPont 公司公开了生产制造均聚甲醛的专利，并于 1959 年实现了均聚甲醛的工业化生产，商品名为 Celcon®。1960 年，美国 Celanese 公司研制出共聚甲醛，并于 1962 年实现了工业化生产。

POM 因其优异的力学性能已经广泛应用于电子电气、机械、仪表、日用轻工、汽车、建材及农业等领域，经改性制得的聚乙烯醇缩甲醛树脂可作为胶黏剂主要用于粘接木材及纸张等材料。

3.2.2 合成

（1）均聚甲醛

均聚甲醛的化学结构如下所示。

$$H_3C-\overset{\overset{\displaystyle O}{\|}}{C}-O\left[CH_2-O\right]_n\overset{\overset{\displaystyle O}{\|}}{C}-CH_3$$

式中，n 为 1000～1500。

工业上一般采用甲醛为原料，使用阴离子引发剂及催化剂在烃类溶剂中进行均聚甲醛的聚合反应。当以水为链转移剂时，将生成不稳定的羟基醚端基，如下式所示。

$$n\,CH_2O\xrightarrow{H_2O}HO\left[CH_2-O\right]_nH$$

采用乙酸酐酯化封端，生成最终产物，发生的乙酰化反应如下式所示。

$$HO\left[CH_2-O\right]_nH+H_3C-\overset{\overset{\displaystyle O}{\|}}{C}-O-\overset{\overset{\displaystyle O}{\|}}{C}-CH_3\longrightarrow H_3C-\overset{\overset{\displaystyle O}{\|}}{C}-O\left[CH_2-O\right]_n\overset{\overset{\displaystyle O}{\|}}{C}-CH_3+H_2O$$

（2）共聚甲醛

共聚甲醛的化学结构如下所示。

$$\left[CH_2-O\right]_m\left[CH_2-CH_2-O\right]_n$$

共聚甲醛的聚合工艺以三聚甲醛和环氧乙烷或 1，3-二氧环戊烷为原料，采用路易斯酸作为催化剂，进行开环共聚得到共聚甲醛。聚合过程分为聚合过程及稳定化过程，反应方程式如下所示。

$$m\,\overset{O}{\underset{O}{\bigcirc}}O+\overset{O}{\triangle}\longrightarrow HO\left[CH_2-O\right](CH_2)_2O\left[CH_2-O\right]_xH$$

$$HO\left[CH_2-O\right]_n(CH_2)_2-O\left[CH_2-O\right]_xH\longrightarrow HO\left[CH_2-O\right]_n(CH_2)_2-OH+xCH_2O$$

3.2.3 结构

POM 的分子主链主要由 C—O 键构成，没有侧链。C—O 键的键能为 359.8J/mol，比 347.3J/mol 的 C—C 键大，C—O 键的键长为 0.143nm，比 0.154nm 的 C—C 键短，故 POM 沿分子链方向的原子填充密度大。由于主链上引入了氧原子，分子链上氢原子的密度减小，分子链可紧密排列，因此 POM 具有较高的密度。POM 主链含有大量的醚键，其单键内旋转的位垒比 C—C 键小，大大提升了分子链的柔韧性。

POM 的链结构规整性高，具有很高的结晶度。均聚甲醛的分子链中完全不含有 C—C 键，相对于共聚甲醛具有更高的结晶度。通常情况下，均聚甲醛的结晶度可达 75%～85%，而共聚甲醛的结晶度通常为 70%～75%。POM 的结晶结构数据由表 3.4 所示。POM 有三方晶型和斜方晶型两种晶体结构，由于氧原子的空间斥力，聚甲醛晶体中分子排列成螺旋形，属于三方晶系，除此以外分子还可以排列成锯齿形，属斜方晶系，但不稳定。

表 3.4　POM 的晶体结构数据

晶体种类	基本晶系 分子在晶体中排列	晶胞轴 /nm		轴间角		重复链单元数
聚甲醛（Ⅰ）	三方晶系 $2,9_5$	a b c	0.447 0.447 1.739	α β γ	90° 90° 120°	9
聚甲醛（Ⅱ）	斜方晶系 $2,2_1$	a b c	0.476 0.766 0.365	α β γ	90° 90° 90°	4

3.2.4　性能

（1）物理性能

POM 是一种表面光滑有光泽的乳白色固体，密度较大，均聚甲醛的密度约为 $1.42g/cm^3$，共聚甲醛的密度约为 $1.41g/cm^3$。

（2）力学性能

POM 的主链由 C—O 键交替构成，结构规整且柔性大，因此 POM 的延伸率较大，呈现"强而韧"的力学特征。POM 的拉伸强度约 65～71MPa，拉伸模量约 2.76～2.9GPa，比强度和比刚度可以与金属材料媲美。由于玻璃化转变温度低于室温，POM 在常温下处于高弹态，力学性能较为稳定，在 −40～100℃温度范围内可以长期使用。高结晶度以及处于高弹态的特点让 POM 具有较高的回弹性和弹性模量，并兼具抗蠕变和抗疲劳性能，多用于制造反复承受外力作用的齿轮类制品。

POM 韧性好，温度和湿度对其冲击强度影响不大。但 POM 对缺口敏感，其缺口冲击强度比无缺口时下降 90% 以上。

图 3.5 为共聚甲醛（牌号：N-FG2025）的应力-应变曲线。

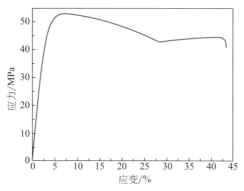

图 3.5　共聚甲醛（牌号：N-FG2025）的
应力-应变曲线

（3）热性能

POM 的玻璃化转变温度低，仅为 $-60℃$，这是因为大量醚键的存在提升了分子链柔性，使得分子链容易运动。共聚甲醛的熔点在 160℃ 左右，均聚甲醛的熔点在 175℃ 左右。由于 POM 内部原子密集度高、结构规整性好，因而具有较高的热变形温度（＞95℃）。共聚甲醛分子链中含有一定量的 C—C 键，由于 C—C 键比 C—O 键更难断裂，因此 C—C 键的存在阻止了 POM 分子链的氧化降解，使共聚甲醛与均聚甲醛相比具有更高的连续使用温度。按照美国 UL 规范，POM 的长期耐热温度为 85～105℃，共聚甲醛短时间的使用温度甚至可达 160℃。

由于主链上含有醚键，POM 热稳定性较差，长时间受热会分解。当温度超过 270℃ 时，POM 的醚键将断开，产生极严重的热裂解，裂解生成的甲醛易被氧化成甲酸，甲酸又会进一步加速 POM 的分解。

（4）电性能

POM 电绝缘性良好，室温下体积电阻率约为 $10^{14}Ω·cm$。由于吸水性较低，POM 的电绝缘性及介电参数受湿度的影响小。

（5）耐环境性能

均聚甲醛能耐弱酸和弱碱的腐蚀，但不耐强酸和强氧化剂，且在高温下更易受腐蚀。区别于均聚甲醛，由于不含封端酯基，共聚甲醛可以耐强碱。POM 对有机溶剂和油的耐性十分出色，在高温下尤其突出。当温度达到熔点附近时，POM 几乎没有任何可溶溶剂，仅在个别溶剂中（如全氟丙酮）能够溶解形成极稀的溶液。特殊地，在高于熔点时，熔融的 POM 能与醇类形成溶液。POM 不耐紫外线，长期暴露于紫外线下，POM 制品会发生表面粉化和龟裂。加入紫外线吸收剂可以改善其耐紫外线性能。

（6）加工性能

POM 熔体呈非牛顿流体特性。相较于温度变化而言，剪切速率的变化对 POM 熔体黏度的影响更大，如图 3.6 所示。由于 POM 热稳定性较差，长时间受热会分解，因此，在加工 POM 时，一般通过控制剪切速率调整 POM 熔体的流动性，在保证流动性的前提下，要尽量降低加工温度，缩短受热时间。

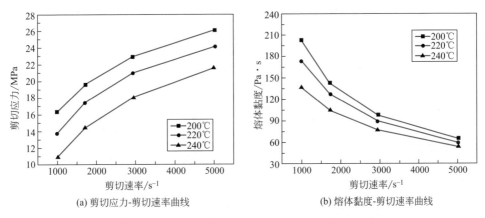

(a) 剪切应力-剪切速率曲线　　　(b) 熔体黏度-剪切速率曲线

图 3.6　聚甲醛（牌号：N-FG2025）的流变性能曲线

POM 的性能如表 3.5 和表 3.6 所示。

表 3.5　均聚 POM 性能参数（牌号：DuPont，Delrin 100 NC010）

项目	数值	测试标准
物理性能		
密度/(g/cm³)	1.42	ISO 1183
洛氏硬度(R-scale)	121	ISO 2039-1
力学性能		
拉伸强度/MPa	71	ISO 527-1/-2
拉伸模量/GPa	2.9	ISO 527-1/-2
断裂伸长率/%	45	ISO 527-1/-2
弯曲强度/MPa	90	ISO 178
弯曲模量/GPa	2.8	ISO 178
缺口冲击强度(23℃)/(kJ/m²)	14	ISO 180/1A
热性能		
熔点/℃	178	ISO 11357
玻璃化转变温度/℃	−60	ISO11357
热变形温度(1.8MPa)/℃	95	ISO 75-1/-2
热膨胀系数/(10^{-4}/K)	1	ISO 11359-1/-2

项目	数值	测试标准
电性能		
表面电阻率/Ω	3×10^{13}	IEC 62631-3-2
体积电阻率/Ω·m	1×10^{13}	IEC 62631-3-1
介电强度/(kV/mm)	41	IEC 60243-1
介电常数(25℃,10^2Hz)	3.9	IEC 62631-2-1
介电常数(25℃,10^6Hz)	3.8	IEC 62631-2-1
介电损耗(25℃,10^2Hz)	0.001	IEC 62631-2-1
介电损耗(25℃,10^6Hz)	0.0055	IEC 62631-2-1
加工性能		
吸水率/%	0.9	ISO 62
收缩率/%	2.2	ISO 294-4

表 3.6　共聚 POM 性能参数（牌号：Celanese，CELCON M90）

项目	数值	测试标准
物理性能		
密度/(g/cm³)	1.41	ISO 1183
力学性能		
拉伸强度/MPa	65	ISO 527-2/1A
拉伸模量/GPa	2.76	ISO 527-2/1A
断裂伸长率/%	10	ISO 527-2/1A
弯曲强度/MPa	73	ISO 178
弯曲模量/GPa	2.55	ISO 178
缺口冲击强度(23℃)/(kJ/m²)	5.7	ISO 180/1A
热性能		
熔点/℃	166	ISO 11357
玻璃化转变温度/℃	-50	ISO11357
热变形温度(1.8MPa)/℃	101	ISO 75-2/A
热膨胀系数/(10^{-4}/K)	1.2	ISO 11359-2
电性能		
表面电阻率/Ω	3×10^{16}	IEC 60093
体积电阻率/Ω·m	8×10^{12}	IEC 60093
加工性能		
吸水率/%	0.75	ISO 62
收缩率/%	2.0	ISO 294-4

3.2.5　应用

由于其出色且均衡的综合性能，POM 应用领域极其广泛。据统计，POM 在工业、汽车、航空航天和消费品方面的使用占其销售总量的 77%，其余的 23%分布在家电工具、电器/电子、五金及其它，包括挤出产品、医用品和其它杂项应用，并且在每一个大类里面都有很大的应用范围。

POM 的摩擦磨耗特性优良，适于用作机械零件的转动部位材料，在机械制造业中，POM 广泛用作齿轮、驱动轴、链条、阀门、阀杆螺母、轴承、凸轮、叶轮、滚轮、喷头、导轨、衬套、管接头和机械结构件等，如图 3.7 所示。由于具有抗污染、高光泽、无毒等特点，POM 被用于包括食品加工器叶片、皂液给液器、喷嘴、服装、洗碗机及烘干机的齿轮以及轴承、盛器、混合容器、涂料喷雾器部件、园艺工具、锁具机构、门把手和手柄。

图 3.7　POM 在传动齿轮和轴承上的应用

在电子设备中，由于其优异的自润滑性、耐疲劳性和耐摩擦磨耗性，POM 可用于制备齿轮和凸轮这样的有反复应力作用的并有摩擦磨耗要求的部件，如图 3.8 所示。

图 3.8　POM 制造的小齿轮、紧固件等部件

除传动件外，在电子设备中，POM 还可用于制造电扳手外壳、电动羊毛剪外壳、煤钻外壳和开关手柄等，以及电话、无线电、电视机、计算机和传真机的零部件、计时器零件、插头、开关、按钮、继电器、洗衣机滑轮、电子计算机外壳等，如图 3.9 所示。在精密仪器方面，POM 也可以用来制造架子的支撑座驾、罩体、摩擦垫板以及钟表、照相机和其他精密仪器的零件。

图 3.9　POM 制备的麦克风支架

在航空领域，POM 对大多数化学物质（包括碳氢化合物溶剂）的膨胀或侵蚀具有优异的抵抗力，这一特点使其可用于燃料系统。目前，航空汽油燃料系统中的燃料阀大多由共聚甲醛制成。

3.3　聚苯醚

聚苯醚（polyphenylene oxide，PPO）是一种主链中含有苯环与醚键的非结晶性高分子材料。

3.3.1　概述

1957 年，美国 GE 公司的科学家 Allan S. Hay 首次合成了 PPO，并于 1964年实现商业化。1966 年，美国 GE 公司将 PPO 与 PS 进行共混改性，改善了

PPO 的加工性能，制得了第一款改性聚苯醚（modified polyphenylene oxide, MPPO），商品名为 Noryl®。MPPO 的诞生大大促进了 PPO 的发展。1986 年，美国 GE 公司推出了 PPO 与 PA 的共混改性产品，商品名为 Noryl GTX®，改善了 PPO 的耐油性能，同时也改善了 PA 的耐湿性能，广泛应用于汽车工业。

3.3.2 合成

PPO 是在铜氨配合物的催化作用下，向含 2,6-二甲酚的溶液中通入氧气，使 2,6-二甲酚发生氧化偶合反应制得，反应方程式如下。

$$n \; HO \!\!-\!\!\left\langle \begin{array}{c} H_3C \\ \\ H_3C \end{array} \right\rangle + \frac{1}{2}n\,O_2 \longrightarrow \left[O \!\!-\!\!\left\langle \begin{array}{c} H_3C \\ \\ H_3C \end{array} \right\rangle \right]_n + nH_2O$$

3.3.3 结构

PPO 的主链是由柔性醚键和刚性苯环交替连接而成的线形结构。由于氧原子与苯环处于 p-π 共轭状态，醚键能够提供的柔性大大降低。同时，苯环的存在使得链段的内旋转困难，进一步增大了分子链的刚性。PPO 中两个对称分布的侧甲基封闭了苯酚基的两个活性点，使 PPO 对水的稳定性提高。虽然 PPO 结构比较规整对称，但分子链的刚性阻碍了其取向和结晶，因此 PPO 是非结晶性高分子材料。

3.3.4 性能

（1）物理性能

PPO 是一种白色固体，密度较小，为 $1.06g/cm^3$ 左右，吸水率低（$<0.10\%$）。

（2）力学性能

由于分子链中含有大量苯环，PPO 具有较强的刚性和良好的力学性能，拉伸强度可达 50～80MPa，在接近 200℃ 的高温下也不产生变形，抗冲击强度高，呈现"强而硬"的特点。PPO 的抗蠕变性优异，且随温度升高变化很小。

（3）热性能

PPO 的玻璃化温度高达 200℃ 左右。由于分子中存在苯环，PPO 具有良好的耐热性，热变形温度约 120℃，在 360℃ 以上才发生热分解。PPO 的氧指数（OI）为 29，属于自熄性材料。

（4）电性能

PPO 具有优良的介电性能和电绝缘性能，介电常数和介电损耗低，且随温度、湿度及频率变化小。

（5）耐环境性能

PPO 耐化学腐蚀性很好，对常见化学药品表现稳定，能耐较高浓度的碱性水溶液、无机酸、有机酸及其盐的水溶液。在有外力作用时，矿物油及酮类、酯类溶剂如乙酸乙酯、丙酮、苯甲醇、石油和甲酸会使 PPO 产生应力开裂，进而引起龟裂、膨胀乃至溶解。PPO 的耐紫外线性能较差，紫外线能使分子链中的醚键发生断裂。在日光灯、荧光灯所含的紫外线照射下，PPO 制品颜色变深，性质变脆。

（6）加工性能

PPO 的热变形温度高，其熔融态的流变特性接近于牛顿流体，熔体黏度的温度依赖性不大，可采用注射和挤出成型，成型温度应在 290～350℃ 范围内。PPO 的收缩率低，仅为 0.6%～0.8%，可用作制造精密制件。

图 3.10 为 PPO（牌号：J20R）的流变性能曲线。

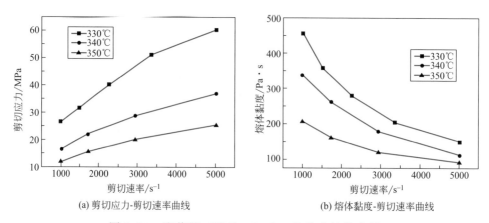

(a) 剪切应力-剪切速率曲线　　　　　(b) 熔体黏度-剪切速率曲线

图 3.10　聚苯醚（牌号：J20R）的流变性能曲线

表 3.7 为 PPO（牌号：Quadrant，EPP Noryl PPO）的性能参数。

表 3.7　PPO 性能参数（牌号：Quadrant，EPP Noryl PPO）

项目	数值	测试标准
物理性能		
密度/(g/cm³)	1.08	ISO 1183
吸水率/%	0.10	ISO 62
洛氏硬度	92	ISO 2039

项目	数值	测试标准
力学性能		
拉伸强度/MPa	57.2	ISO 527
拉伸模量/GPa	2.53	ISO 527
断裂伸长率/%	23	ISO 527
弯曲强度/MPa	88.9	ISO 178
弯曲模量/GPa	2.74	ISO 178
悬臂梁缺口冲击强度/(J/m^2)	160	ISO 180/1A
热性能		
热变形温度(1.8MPa)/℃	127	ISO 75/Ae
电性能		
体积电阻率/Ω·m	$1×10^{14}$	IEC 60093
介电常数(25℃,60MHz)	2.58	IEC 60250
介电损耗(25℃,60MHz)	0.003	IEC 60250
加工性能		
收缩率/%	0.5	ISO 2577

MPPO 通常由苯乙烯系树脂与 PPO 共混或接枝共聚而制得。由于 PS 与 PPO 极性相似，溶度参数相近，因此相容性好，通过机械共混可以获得 PPO/PS 共混物（Noryl 型 MPPO）。DSC 分析显示 Noryl 型 MPPO 有一个玻璃化转变温度，但 DMA 分析结果显示有两个玻璃化转变温度，因此其为部分相容的两相体系。由于 PS 的引入对 PPO 起到了增塑作用，Noryl 型 MPPO 黏度降低，加工温度降低，但刚性和耐热性也发生不同程度的损失。

PS 与 PPO 通过接枝共聚可获得均相的 MPPO（Xyron 型 MPPO），DMA 分析结果显示其仅有一个玻璃化转变温度。Xyron 型 MPPO 具有最好的冲击韧性和刚性的综合性能，且加工性能相对 PPO 更好。

表 3.8 为 MPPO（牌号：SABIC，Noryl^{TM} N110）的性能参数。

表 3.8 MPPO 性能参数（牌号：SABIC，Noryl^{TM} N110）

项目	数值	测试标准
物理性能		
密度/(g/cm^3)	1.05	ISO 1183
吸水率/%	0.2	ISO 62-1
力学性能		
拉伸强度/MPa	45	ISO 527
拉伸模量/GPa	2.2	ISO 527

项目	数值	测试标准
断裂伸长率/%	30	ISO 527
弯曲强度/MPa	60	ISO 178
弯曲模量/GPa	2.0	ISO 178
缺口冲击强度(23℃)/(kJ/m^2)	11	ISO 180/1A
热性能		
玻璃化转变温度/℃	211	ISO 11357
热变形温度(1.8MPa)/℃	95	ISO 75/Ae
热膨胀系数/(10^{-4}/K)	0.7	ISO 11359-2
电性能		
表面电阻率/Ω	1×10^{15}	IEC 60093
体积电阻率/Ω·m	1×10^{13}	IEC 60093
介电强度/(kV/mm)	19	IEC 60243-1
介电常数(25℃,60Hz)	2.6	IEC 60250
介电常数(25℃,10^6Hz)	2.6	IEC 60250
介电损耗(25℃,60Hz)	0.004	IEC 60250
介电损耗(25℃,10^6Hz)	0.001	IEC 60250
加工性能		
收缩率/%	0.5	ISO 2577

3.3.5　应用

PPO是具有优异综合性能的热塑性高分子材料，电绝缘性、耐湿热性能及阻燃性好，尺寸稳定性优良，广泛应用于汽车、电子电器、家电等领域。

在家用电器方面，利用其难燃、耐热、尺寸稳定和容易加工等特性，PPO主要用于制造电视机的回扭变压器和偏转线圈框架、摄像机、收录机、录像机、空调机、加湿器、电饭煲、咖啡机等产品零部件，如图3.11为PPO在早期电视机外壳上的应用。

由于PPO的高流动性、可焊接性、耐热性、抗冲击性、环保阻燃性，故其可用于制作电源插头、电源转化器、断路器和电气仪表，如图3.12。PPO的优异遮光性能、良好耐热性、好的流动性和韧性，使其可用于制作LED反射盖。PPO好的耐酸碱性和流动性、无卤阻燃性、刚韧平衡、超声波焊接的特性使其可用于制作充电器外壳、压缩机罩盖、洗衣机电气盒，玻璃纤维增强的MPPO具有无卤阻燃、尺寸稳定性好、耐电弧的特点，可用于制作穿刺线夹。

图 3.11　PPO 在早期电视机外壳上的应用

图 3.12　PPO 在工业插座上的应用

由于 PPO 介电损耗低，常用来加工超高频电子元件，目前国内外采用交联 PPO 来生产印刷电路板非常普遍。玻璃纤维增强的 MPPO 覆铜板具有低介电常数，可有效地提高高频电路中信号传播速度，因此被广泛地用做移动电话、卫星通信、高性能宽带设备、大型电子计算机等信息传递及处理设备的电路基板材料，又因为具有高 T_g 及低密度，可满足电子产品封装对印制电路板高密度化、轻量化、薄形化的要求，应用于 SMT（表面贴装技术）、COB（板上芯片封装）等安装工程中。因此，MPPO 作为耐高温、高频电性能优良的基体材料在电子工业中有很好的应用前景，是值得积极开发推广的一种新材料。

3.4　聚碳酸酯

聚碳酸酯（polycarbonate，PC）是分子链中含有碳酸酯基的非结晶性高分子材料，通常指双酚 A 型 PC。

3.4.1 概述

1859 年，俄国化学家 A. M. Butlerov 首次在实验室合成了双酚 A 型 PC。1958 年，德国 BAYER 公司使用熔融酯交换法合成 PC，并首次实现了工业化生产，商品名为 Makrolon®。1960 年，美国 GE 公司采用光气化溶剂法实现了 PC 的工业化生产，商品名为 Lexan®。

3.4.2 合成

PC 的合成方法主要有界面缩聚法、溶液法和酯交换法（又称熔融法）三种。

界面缩聚法是指在两相界面上使原料进行缩聚的方法，反应通常在室温下，单体在不互溶溶剂的两个界面上进行反应。工业上通常采用的溶剂为二氯甲烷和碱性水溶液，在碱性水溶液中溶解芳香二醇和酚类封闭剂，在二氯甲烷中溶解碳酸酯原料，通常为光气，反应方程式如下。

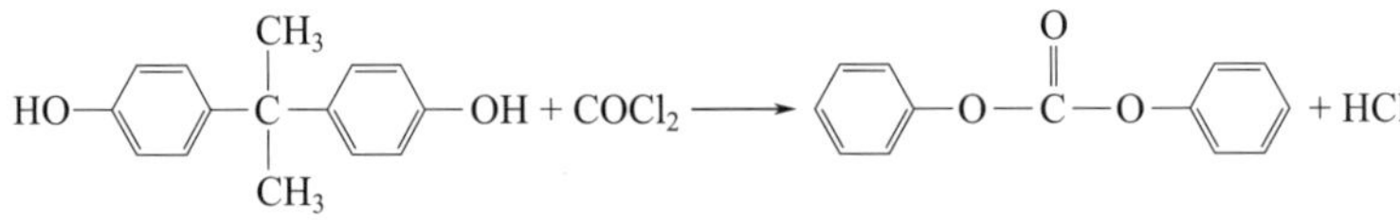

溶液法是指所有的反应物溶解在溶剂中，反应结束后可以采用多种方法将产物分离出。选用溶剂可以是有机溶剂，如二氯甲烷，也可以是有机碱，如吡啶。反应原料为光气，反应方程式如下。

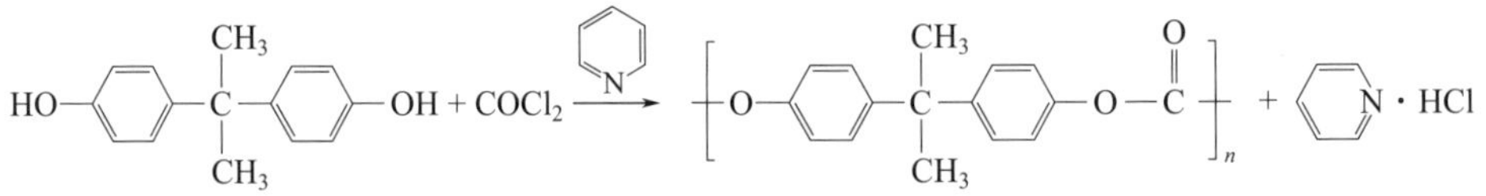

酯交换法是指在碱性催化剂存在下，在高温、高真空度条件下，由双酚 A 与碳酸二苯酯经酯交换和缩聚反应而制备聚碳酸酯的工艺方法，反应方程式如下。

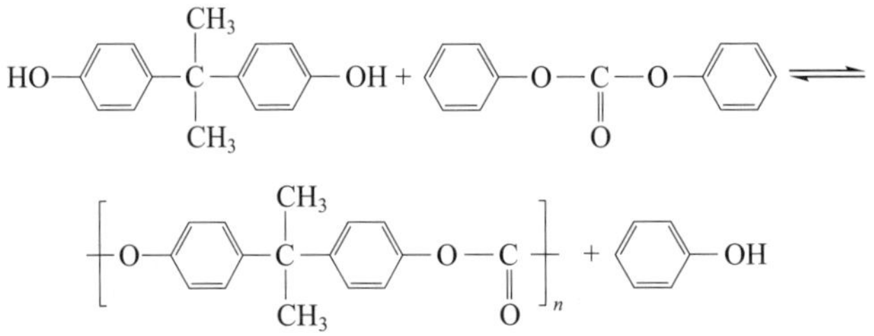

3.4.3 结构

PC 是由异亚丙基 $\left(\begin{array}{c} \mathrm{CH_3} \\ -\mathrm{C}- \\ \mathrm{CH_3} \end{array}\right)$ 与碳酸酯基 $\left(\begin{array}{c} \mathrm{O} \\ \| \\ -\mathrm{O-C-O-} \end{array}\right)$ 交替与苯环相连构

成的线性大分子，两个刚性的苯环和一个柔性的碳酸酯基构成共轭体系，增加了主链的稳定性和刚性。异亚丙基是非极性的疏水基，对称分布的甲基降低了位阻并为主链提供了柔性。

PC 分子链易形成稳定的原纤维聚集状结构。原纤维会成束并混乱交错排列组成疏松的网络，使聚合物内存在大量空隙（自由空间）。原纤维内的分子链间作用力较大，密度较高。

由于 PC 分子链上存在刚性很强、不能内旋的苯环，其本体结晶能力很弱，结晶速率极为缓慢，一般被认为是非结晶性高分子材料。但在玻璃化转变温度以上对 PC 进行拉伸，会使链段取向更快，结晶能力增强。

3.4.4 性能

（1）物理性能

PC 是一种无色或微黄色的透明固体，无味，无毒。密度约 $1.2\mathrm{g/cm^3}$，吸水率不高，约为 0.35%。

PC 具有良好的可见光透过性能，透光率为 $75\%\sim90\%$，仅次于 PMMA。在光学高分子材料中，PC 的折射率相对较高，在室温下对可见光的折射率为 1.586 左右，适合做透镜等光学材料，透光率与样片厚度有关。

（2）力学性能

PC 分子链中的苯环密度高，且存在极性的碳酸酯基，刚性较大，而脂肪碳链的存在使分子链具有一定柔性，表现为韧性提高，故而 PC 呈现"刚而韧"的特点。

PC 的抗冲击强度可达到 $70\ \mathrm{kJ/m^2}$，拉伸强度约为 $60\sim70\mathrm{MPa}$，拉伸模量约为 $2.35\mathrm{GPa}$，而且能在较宽的温度范围内保持较高的强度。

PC 最突出的问题是应力开裂。在成型过程中，PC 分子链会发生强迫取向，分子间相互作用产生内应力，容易产生应力开裂。将 PC 的弯曲试样进行挠曲处理并放置一段时间，超过其极限应力时将会发生微观撕裂。如果 PC 制品在成型加工时因温度过高等原因发生分解老化，或者制品本身存在缺口或熔接缝，又或制品在化学气体中使用，则发生微观撕裂的时间将会大大缩短，其极限应力值也将大幅度下降。

图 3.13 为 PC（牌号：7022IR）的应力-应变曲线。

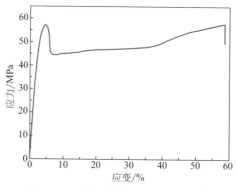

图 3.13　PC（牌号：7022IR）的
应力-应变曲线

（3）热性能

PC 的脆化温度低至 −100℃，耐低温性能好，玻璃化温度为 140～150℃。由于结晶倾向小，PC 无明显熔点。由于主链中苯环和羰基的存在，PC 耐热性较好，热分解温度大于 300℃，长期使用温度可达 120℃，在使用温度范围内各种性能随温度变化小。PC 是难燃自熄性材料，燃烧时火焰呈黄色，熔融起泡并产生黑烟，有花果味。

（4）电性能

由于极性较小，玻璃化转变温度较高，吸水率低，PC 在宽广的温度范围内具有良好的电绝缘性。PC 的介电常数约为 3，介电损耗在 0.01～0.001 之间，两者受温度和湿度影响较小，在 10～130℃ 之间几乎不发生变化。PC 的介电损耗与 PS 相比较差，但优于酚醛树脂和热塑性聚酯。

（5）耐环境性能

在高温和酸性条件下，PC 中游离的双酚 A 结构不稳定，会分解产生醌类化合物和苯酚，并使制品变色。

对于波长为 400nm 以下的紫外光，PC 的透过能力较弱，其中，对波长 305nm 的紫外光吸收能力最强。对于红外光，PC 则只吸收其中某些特定波长的光。在波长约为 290nm 的紫外光作用下，PC 会发生光氧化反应而逐渐老化，老化过程从表面变黄开始，随后主链发生断裂，导致分子量降低以及强度下降，最终发生龟裂。因此，通常需要加入紫外线吸收剂以提高 PC 的防老化性能。另外，PC 中常含少量未反应的双酚 A 及副产物氯化钠等无机盐，也会加速 PC 的老化过程。

（6）加工性能

图 3.14 为 PC（牌号：7022IR）的流变性能曲线。在加工温度下，PC 的熔融黏度比较高，且随温度的升高而明显减小。温度下降时，熔体黏度迅速增大，因此，PC 成型时的冷却、凝固和定型时间较短。低剪切速率时，PC 的流变行为接近于牛顿流体，高剪切速率时，黏度随剪切速率的升高而有所下降。PC 的熔体黏度随分子量和支化程度的增大而增大。

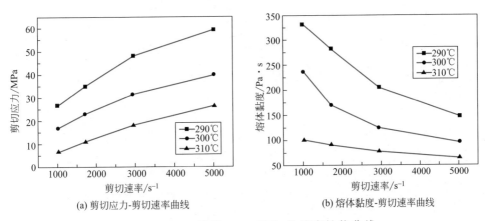

(a) 剪切应力-剪切速率曲线　　(b) 熔体黏度-剪切速率曲线

图 3.14　PC（牌号：7022IR）的流变性能曲线

PC 的收缩率一般为 0.4%～0.8%，是成型时的热收缩、弹性回复导致膨胀、定向分子松弛引起收缩以及体积随温度发生变化等因素产生的综合效果，成型时的熔融温度、模具温度、注射速度、保压压力对收缩率都具有一定影响。PC 吸水率不高，但含水量超过 0.02% 时容易发生酯基的水解反应，使大分子链断裂，分子量降低，材料变质，尤其会使制品的冲击强度和耐应力开裂性能降低。PC 不耐湿热，高温下水的存在会造成酯基分解，导致材料内部产生缺陷，水蒸气的存在会使制品产生银纹和气泡，外观质量变坏。因此，PC 在成型加工前必须充分干燥，使含水率降至 0.02% 以下。

表 3.9 是 PC（牌号：SABIC，PC1000R）的基本性能。

表 3.9　PC 性能参数（牌号：SABIC，PC1000R）

项目	数值	测试标准
物理性能		
密度/(g/cm^3)	1.2	ISO 1183-1
吸水率(23℃,饱和值)/%	0.35	ISO 62-1

项目	数值	测试标准
洛氏硬度(R-scale)	120	ISO 2039-2
透光度/%	88-90	ASTM D1003
雾化度/%	<0.8	ASTM D1003
折射率	1.586	ISO 489
力学性能		
拉伸强度/MPa	63	ISO 527
拉伸模量/GPa	2.35	ISO 527
断裂伸长率/%	70	ISO 527
弯曲强度/MPa	90	ISO 178
弯曲模量/GPa	2.3	ISO 178
缺口冲击强度/(kJ/m^2)	70	ISO 180/1A
热性能		
玻璃化转变温度/℃	150	ISO 11357-1,-2
热变形温度(1.8MPa)/℃	125	ISO 75/Af
热膨胀系数/($10^{-4}/K$)	0.7	ISO 11359-2
电性能		
体积电阻率/$\Omega \cdot m$	1×10^{13}	IEC 60093
介电强度/(kV/mm)	27	IEC 60243-1
介电常数(25℃,10^2Hz)	3	IEC 60250
介电常数(25℃,10^6Hz)	3	IEC 60250
介电损耗(25℃,10^2Hz)	0.001	IEC 60250
介电损耗(25℃,10^6Hz)	0.01	IEC 60250
加工性能		
收缩率/%	0.5~0.7	—

3.4.5 应用

　　PC集透明、耐用、不易破碎、耐热、阻燃等许多优良特性于一身,在日常生活中应用范围很广泛,主要集中在玻璃装配业、汽车工业和电子电器工业,其次还有工业机械零件、包装、计算机等办公室设备、医疗器械、薄膜、休闲和防护器材等。PC还可用作门窗玻璃,广泛用于公共场所的防护窗、飞机舱罩、照明设备、工业安全挡板和防弹玻璃。

　　作为音像信息存储介质的光盘是PC应用的一大市场,图3.15即为PC制作而成的光盘。目前市场上 90％ 以上的光盘采用 PC 作为基材。

图 3.15　PC 制成的光盘

　　PC 可作为儿童眼镜、太阳镜、成人眼镜以及焊接护目镜、消防头盔视窗的镜片材料，如图 3.16。由于 PC 的抗冲击强度和折射率高，相对密度较低，对紫外线具有高屏蔽性，因此 PC 透镜具有安全性好、镜片薄、质量轻和耐紫外线辐射等优点。采用光学级 PC 制作的光学透镜不仅可用于制造照相机、显微镜、望远镜及光学测试仪器等，还可用于制造电影投影机透镜、复印机透镜、红外自动调焦投影仪透镜、激光束打印机透镜，以及各种棱镜、多面反射镜等。

图 3.16　PC 光学镜片及其制成的眼镜、护目镜

　　PC 具有良好的抗冲击、抗热畸变性能，而且耐候性好、硬度高，因此，适用于生产轿车和轻型卡车的各种零部件，其主要应用领域集中在制造照明系统、仪表板、计速器指针、挡风屏、外壳、除霜器、物品箱盖和汽车底座以及 PC 合金制的保险杠等，如图 3.17。尤其在汽车照明系统中，充分利用 PC 易成型加工的特性，将汽车头灯、连接片、灯体等全部模塑在透镜中，设计灵活性大，便于加工，可制造出美观、形状复杂的汽车头灯，解决了传统玻璃制造头灯在工艺技术上的困难。目前，NISSAN、Ford、Benz、Volvo 等车型均已采用光学 PC 作汽车灯罩材料。

　　此外，PC 质轻、易加工、韧性高，并且阻燃、耐热，经过特殊改性后对光

图 3.17　PC 制成的汽车车灯及仪表盘等

的扩散能力会大大提升，因此可使其成为 LED 照明中替换玻璃材质的首要选择，应用于 LED 灯罩，节省能耗。

　　由于 PC 在较宽的温、湿度范围内具有良好而恒定的电绝缘性，再加上其良好的难燃性和尺寸稳定性，使其在电子电器行业具有广泛应用。PC 主要用于生产各种食品加工机械、电动工具外壳、机体、支架、冰箱冷冻室抽屉和真空吸尘器零件等。由于 PC 具有利于一体化机身设计、不遮挡信号、抗冲击性好等优势，一些手机制造商将其应用于制作无线充电器的外壳或手机摄像头。在零件精度要求较高的计算机、视频录像机、彩色电视机中的重要零部件等领域，PC 也显示出了极高的使用价值。在涂料中掺杂碳基无机填料、金属纳米颗粒或共轭高分子等导电介质后涂覆于 PC 表面，可以使 PC 具有导电性。ITO（铟锡氧化物）薄膜在 PC 上的电导率比在玻璃上高出至少一个数量级，被应用于电子设备、平板显示器和传感器等领域。

　　由于 PC 制品可经受蒸汽、清洗剂、加热和大剂量辐射消毒，且不发生变黄和物理性能下降的现象，因而被广泛应用于人工肾血液透析设备，以及其它需要在透明、直观条件下操作并需反复消毒的医疗设备中。如生产医用引流瓶、高压注射器、外科手术面罩、一次性牙科用具、血液充氧器、血液收集存储器、血液分离器等，如图 3.18。

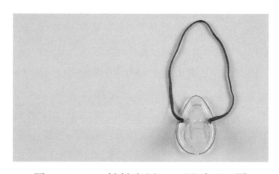

图 3.18　PC 材料应用于医用呼吸面罩

PC 在飞机客舱内部有广泛的应用，比如行李架部件、座椅部件、手推车部件、空调部件、箱柜部件、天花板、壁板、餐板等。据统计，仅一架波音飞机上所用 PC 部件就高达 2500 个，单机耗用 PC 约 2 吨，而在宇宙飞船以及宇航员的防护用品上，则采用了数百个不同构型并由玻璃纤维增强的 PC 部件。此外，我国歼-20 的气泡式整体座舱盖（图 3.19）也采用的是 PC 材料。

图 3.19　歼-20 座舱盖

3.5　聚甲基丙烯酸甲酯

聚甲基丙烯酸甲酯（polymethyl methacrylate，PMMA）是一种侧链含有甲酯基和甲基的丙烯酸类非结晶性高分子材料，俗称"有机玻璃"。

3.5.1　概述

1902 年，德国化学家 Otto.Röhm 首次合成了可用作胶黏剂的 PMMA。1927 年，美国 Rohm&Haas 公司合成了透明度较好的 PMMA，并于 1931 年首先实现工业化生产。1937 年，英国 ICI 公司实现了 PMMA 的工业化生产，商品名为 Perspex® 和 Diakon®。20 世纪 60 年代，德国 Resart-Ihm 公司和日本 MRC 公司相继研发出悬浮聚合和本体聚合生产 PMMA 的技术。20 世纪 70 年代末，德国 Resart-Ihm 公司与美国 PTI 公司共同研发出溶液聚合生产 PMMA 的技术，并于 20 世纪 80 年代初在美国实现工业化。

3.5.2　合成

PMMA 大多基于自由基聚合原理合成，以过氧化二苯甲酰（BPO）为引发剂，其具体过程如下。

（1）引发剂的分解

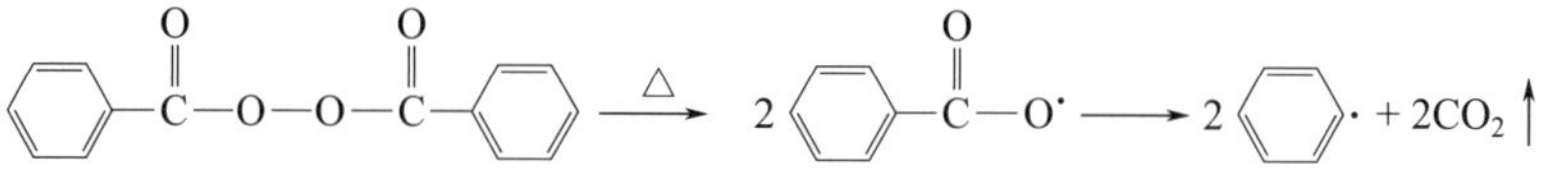

（2）链引发

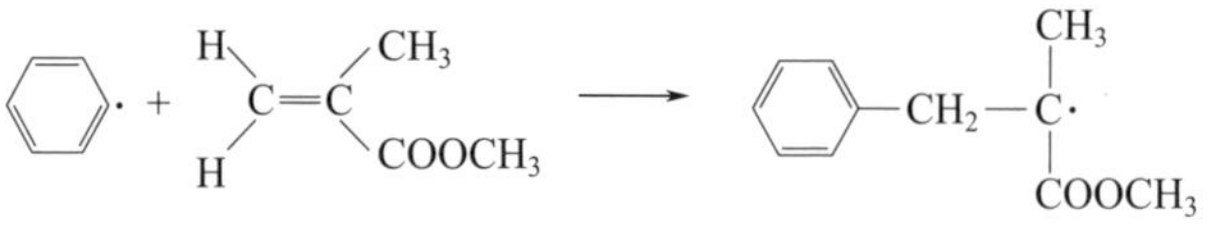

（3）链增长

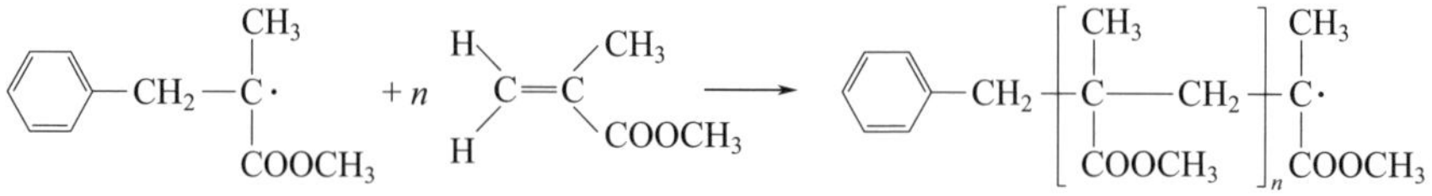

（4）链终止

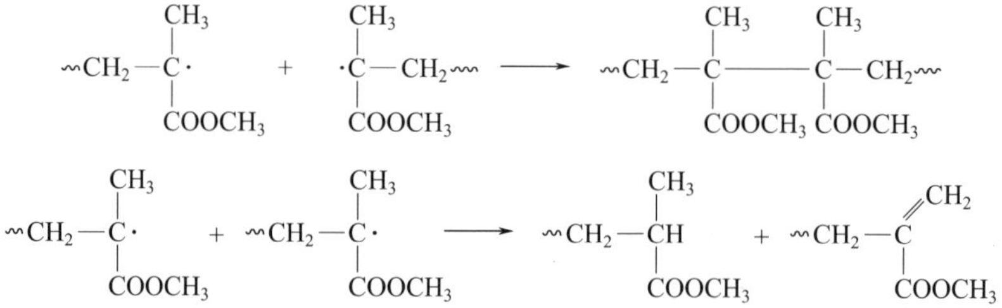

PMMA 生产技术有间歇本体聚合、悬浮聚合、溶液聚合等，其中本体聚合主要用于生产有机玻璃片材，悬浮聚合主要用于生产模塑粉。

3.5.3 结构

PMMA 是以 MMA 为结构单元的线性高分子材料，主链是柔性的碳链，结构单元碳原子上含有两个侧基：非极性，疏水的甲基和极性，吸水的甲酯基。MMA 单体以头-尾构型定向连接成规整的线性 PMMA，但根据合成方法不同，PMMA 有无规立构、间规立构、等规立构三种排列，如图 3.20 所示。

一般自由基引发聚合生产的 PMMA 均属无规立构聚合物，溶液法离子聚合得到的 PMMA 以等规立构的构型为主。PMMA 为非结晶性高分子材料，但 PMMA 存在着彼此分离的短程有序结构，在高于玻璃化转变温度时，双轴拉伸会提高 PMMA 有序度，进而提高制品的抗冲击、抗应力开裂和消除银纹的能力。

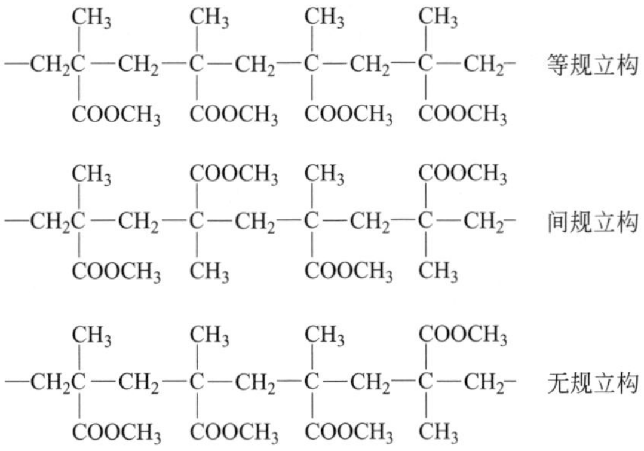

图 3.20　PMMA 大分子三种立构化学结构式

3.5.4　性能

（1）物理性能

PMMA 是一种无色无味的透明固体，密度约为 $1.19g/cm^3$，吸水率可达 0.3%。PMMA 表面硬度不足，易被硬物擦伤、擦毛而失去光泽。

PMMA 最大的特点是光学性能优异，透光率高达 92%，高于无机玻璃。PMMA 一般不结晶，质地均匀，分子的排列方式不影响内部光线的通过速度，这使得 PMMA 有均一的折射率（约为 1.49）。PMMA 的表面反射率不大于 4%，对光的吸收小，表面有光泽。PMMA 不能滤除紫外线，可通过表面镀膜增加对紫外线的滤除效果。PMMA 允许小于 2800nm 波长的红外线通过，波长更长的红外线会被阻挡。经过填料改性的有色 PMMA，可以透过更多特定波长的红外线，同时阻挡可见光透过。

（2）力学性能

PMMA 分子链含有较大的甲酯侧基，削弱了分子链的柔性，使得冲击韧性较差，但也稍优于 PS，呈现"刚而脆"的力学特点。本体聚合的 PMMA 拉伸强度约 70MPa，拉伸模量约 3.3GPa。PMMA 有缺口敏感性，在应力下易开裂，但断裂时断口不像 PS 和普通无机玻璃那样尖锐。用橡胶作为改性剂可以提高 PMMA 的冲击强度和耐应力开裂性。PMMA 具有室温蠕变特性，随着负荷的加大与时间的增长，逐渐产生应力开裂。

图 3.21 为 PMMA（牌号：ZK4A）的应力-应变曲线。

经过加热和拉伸处理过的 PMMA，分子链段排列非常有序，韧性和抗应力开裂性显著提高，制成的有机玻璃被子弹击穿后不会碎裂，因此可用作防弹玻璃

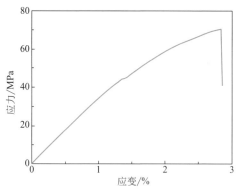

图 3.21　PMMA（牌号：ZK4A）的
应力-应变曲线

以及军用飞机的座舱盖。

（3）热性能

PMMA 玻璃化转变温度约为 120℃，可在 −60～65℃ 范围内长期使用，特殊工况下最高连续使用温度可达 95℃，短时使用温度可达 105℃。PMMA 制品的强度随温度变化大，线膨胀系数和制品收缩率低。PMMA 属于易燃材料，着火点为 400℃，不能自熄，着火后缓慢燃烧，融化起泡，火焰明亮，呈浅蓝色，顶端白，伴有腐烂水果、蔬菜的气味。

（4）电性能

PMMA 呈现弱极性，有较好的电绝缘性，电性能参数随温度、频率的变化稍有变化。

（5）耐环境性能

PMMA 符合非结晶性高分子材料的溶解规律，能被乙酸乙酯、二氯乙烷、四氯化碳、丙酮、甲苯等氯代烃和芳烃溶解。PMMA 耐水溶性盐、弱碱、较稀的无机酸和油脂类、脂肪烃类，不溶于水、甲醇、甘油等，但不耐浓的无机酸、温热的氢氧化钠、氢氧化钾等强碱水溶液。许多有机溶剂虽然不能使 PMMA 溶解，却能使其产生银纹和开裂。

PMMA 具有优良的耐紫外线性能，经过紫外线照射后透光率变化不大，但经长时照射后试样表面出现网状银纹。因此，在户外长期使用时，需添加紫外光吸收剂进一步改善 PMMA 制品的光稳定性。PMMA 经 γ 射线照射后透光率变化不大，但随着照射剂量的增加，材质变脆，外观变色。

（6）加工性能

图 3.22 为 PMMA（牌号：ZK4A）的流变性能曲线。PMMA 在成型加工的

温度范围内具有明显的非牛顿流体特征，熔融黏度随剪切速率增加而下降，黏度对温度的敏感性也高于大多数高分子材料。因此，提高剪切速率和升高加工温度都可明显降低 PMMA 熔体黏度，获得良好的加工性能。

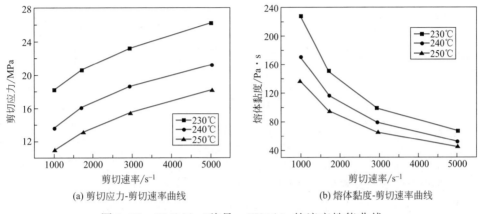

(a) 剪切应力-剪切速率曲线　　　　(b) 熔体黏度-剪切速率曲线

图 3.22　PMMA（牌号：ZK4A）的流变性能曲线

　　PMMA 加工温度不高，注射或挤出时的温度为 180～230℃，分解温度为 260℃，加工温度范围窄。PMMA 熔体黏度较高，冷却速率较快时制品易产生内应力，因此需要严格控制成型时的工艺条件，制品成型后也需要进行后处理。PMMA 不结晶，收缩率低，成型制品尺寸精度较高。PMMA 切削性能较好，其型材很容易被加工为各种要求的尺寸。PMMA 含有极性侧甲基，因此具有明显的吸湿性，吸水率一般为 0.3%～0.4%，成型前需进行干燥处理。

　　表 3.10 是 PMMA（牌号：Röhm，PLEXIGLAS 8N）的基本性能。

表 3.10　PMMA 性能参数（牌号：Röhm，PLEXIGLAS 8N）

项目	数值	测试标准
物理性能		
密度/(g/cm³)	1.19	ISO 1183
吸水率(23℃,饱和值)/%	0.3	ISO 62
透光度/%	92	ISO 13468-2
雾化度	<0.5	ASTM D1003
折射率	1.49	ISO 489
力学性能		
拉伸强度/MPa	77	ISO 527
拉伸模量/GPa	3.3	ISO 527
缺口冲击强度/(kJ/m²)	20	ISO 179/1eU
断裂伸长率/%	5.5	ISO 527

项目	数值	测试标准
热性能		
玻璃化转变温度/℃	117	ISO11357
热变形温度(1.8MPa)/℃	98	ISO 75
热膨胀系数/$(10^{-4}/℃)$	0.8	ISO 11359
加工性能		
收缩率/%	0.3～0.7	ISO 2577

3.5.5 应用

PMMA 具有高透明度、低价格、易于机械加工等优点，是经常使用的玻璃替代材料，在商业、轻工、建筑、化工以及航空航天领域有着广泛的应用。

日常生活方面，PMMA 主要应用于建筑采光体、透明屋顶、棚顶、电话亭、楼梯和房间墙壁护板等方面，在高速公路及高等级道路照明灯罩及汽车灯具方面的应用发展也十分迅速。采用有机玻璃挤出板制成的采光体具有整体结构强度高、自重轻、透光率高和安全性能好等特点，与无机玻璃采光装置相比，具有很大的优越性。图 3.23 为 PMMA 制成的北京地铁广告箱。

图 3.23　PMMA 制成的北京地铁广告箱

PMMA 因其着色性良好而可创造出亮丽的外观，因此被应用于液晶电视外壳、显示器外壳、音响壳体、电话机和打印机壳体、手机壳和充电器外壳等，实现了高光泽、免喷涂化。随着 IT 行业的兴起，有机热/电致发光材料的研究已经成为电致发光领域的一大热点，由 PMMA 制成的热制变色水杯，正是应用了这一特点。

PMMA 质轻，具有较高的力学强度、较好的抗潮湿性能，可长期在潮湿条件使用，对水溶性无机盐、碱及某些稀酸有一定稳定性，特别是耐生物老化性能和生物兼容性好，光学性能优异，透光率高。医学上常用作人工晶状体、颅骨修补材料、人工骨、人工关节、胸腔填充材料、人工关节骨黏固剂。此外，PMMA 还可制作婴儿保育箱、消毒柜以及各种手术医疗器械。

PMMA 最为广泛的一个用途就是航空有机玻璃。航空有机玻璃是指用于飞机座舱盖、风挡、机舱、舷窗等部位的一种有机透明材料，如图 3.24 所示。航空有机玻璃是以 MMA 为主要原料，加入少量其它辅助成分，在引发剂作用下进行本体聚合制得的透明板材。在歼击机、强击机等飞机上用作风挡、座舱盖。航空有机玻璃具有优良的抗银纹性、抗裂纹扩展性、较高的强度，作机舱、舷窗透明件可延长使用寿命，提高飞行安全性。用航空有机玻璃作风挡结构层，可抵御飞机低空飞行中与鸟撞击，同时又可减轻风挡的重量。因此，波音、空客等客机都曾采用过航空有机玻璃作风挡结构层。

图 3.24 飞机风挡有机玻璃、座舱玻璃

F-102 首次使用定向有机玻璃作座舱盖。F-14、F-15、F-16 等飞机座舱盖采用了交联定向有机玻璃，如图 3.25。

图 3.25 F-16 飞机座舱盖

3.6 环氧树脂

环氧树脂（epoxy resins，EP）是分子结构中含有环氧基团的一类热固性高分子材料。

3.6.1 概述

1891 年，德国化学家 Lindmannp 使用对苯二酚与环氧氯丙烷反应，得到了黏稠状液体产物，其特征类似于天然树脂，这是最早合成的环氧树脂。1909 年，俄国化学家 Prileschajew 采用过氧化苯甲酰对烯烃进行氧化，生成了含有环氧基团的低聚物。这两种反应至今仍是环氧树脂的主要合成路线。20 世纪 50 年代，美国 Union Carbide 公司和美国 Dow 公司分别开发出了脂环族环氧树脂和酚醛型环氧树脂。

环氧树脂是应用十分广泛的一种涂料材料，且可作为胶黏剂，对于各种金属材料，尤机材料（玻璃，木材，混凝土等）以及热固性树脂等都有优良的粘接性能。此外，由于环氧树脂力学性能优异，在生产生活中均可制成制品广泛应用，以玻璃纤维及碳纤维增强的环氧树脂基复合材料在工业生产乃至航空航天领域均发挥着重要角色。

根据分子结构的不同，可将环氧树脂分为以下几种，如表 3.11 所示。

表 3.11　环氧树脂代号及类别

代号	环氧树脂类别	代号	环氧树脂类别
E	二酚基丙烷型环氧树脂	N	酚酞环氧树脂
ET	有机钛改性二酚基丙烷型环氧树脂	S	四酚基环氧树脂
EG	有机硅改性二酚基丙烷型环氧树脂	J	间苯二酚环氧树脂
EX	溴改性二酚基丙烷型环氧树脂	A	三聚氰酸环氧树脂
EL	氯改性二酚基丙烷型环氧树脂	R	二氧化双环戊二烯环氧树脂
Ei	二酚基丙烷侧链型环氧树脂	Y	二氧化乙烯基环己烯环氧树脂
F	酚醛多环氧树脂	YJ	甲基代二氧化乙烯基环己烯环氧树脂
B	丙三醇环氧树脂	D	环氧化聚丁二烯环氧树脂
L	有机磷环氧树脂	W	氧化双环戊烯基醚树脂
H	3,4-环氧基-6-甲基环己烷甲酸 3′,4′-环氧基-6-甲基环己烷甲酯	Zg	脂肪酸甘油酯
G	硅环氧树脂	Ig	脂环族缩水甘油酯

3.6.2 合成

在诸多种类的环氧树脂中，双酚 A 型缩水甘油醚树脂（简称双酚 A 型环氧树脂）应用最广，产量最大，其产量约占环氧树脂总产量的 85％。因此本节将以双酚 A 型环氧树脂为例，对双酚 A 型环氧树脂的合成反应与制造方法进行阐述。

双酚 A 型环氧树脂由双酚 A（bisphenol A，简称 BPA）与环氧氯丙烷（epichlorohydrin，简称 ECH）在氢氧化钠的催化作用下脱 HCl 制得，总反应过程如下。

首先发生开环反应，在碱的催化下，BPA 的羟基与 ECH 的环氧基团发生开环反应，在二者生成醚键的同时，ECH 的本体部分变成端基为氯原子的 β-氯代醇。

$$HO-\!\!\bigcirc\!\!-C(CH_3)_2-\!\!\bigcirc\!\!-OH + H_2C\overset{O}{\underset{}{-}}CH-CH_2-Cl \xrightarrow{+NaOH}$$

$$HO-\!\!\bigcirc\!\!-C(CH_3)_2-\!\!\bigcirc\!\!-O-CH_2-\underset{OH}{CH}-CH_2-Cl$$

随后一聚醚与氢氧化钠继续反应，脱去其中的 HCl 分子，闭环形成环氧基团，得到双酚 A 的一环氧丙基醚。

$$HO-\!\!\bigcirc\!\!-C(CH_3)_2-\!\!\bigcirc\!\!-O-CH_2-\underset{OH}{CH}-CH_2-Cl \xrightarrow[-HCl]{NaOH}$$

$$HO-\!\!\bigcirc\!\!-C(CH_3)_2-\!\!\bigcirc\!\!-O-CH_2-CH\overset{O}{\underset{}{-}}CH_2$$

而双酚 A 的一环氧丙基醚一部分会发生主反应，即与 ECH 继续反应生成双酚 A 的二环氧丙基醚。

$$HO-\!\!\bigcirc\!\!-C(CH_3)_2-\!\!\bigcirc\!\!-O-CH_2-CH\overset{O}{\underset{}{-}}CH_2 \xrightarrow[-HCl]{ECH,\ NaOH}$$

$$CH_2\overset{O}{\underset{}{-}}CH-CH_2-O-\!\!\bigcirc\!\!-C(CH_3)_2-\!\!\bigcirc\!\!-O-CH_2-CH\overset{O}{\underset{}{-}}CH_2$$

另一部分则会与 BPA 反应，生成异丙醇二双酚 A 醚。

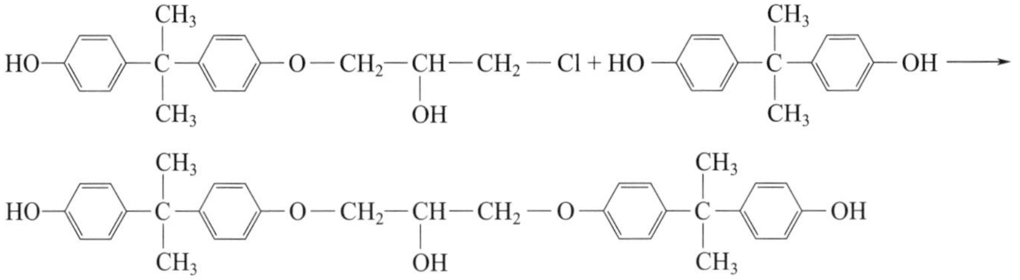

其中，主反应产物得到的双酚 A 的二环氧丙基醚会进一步与 BPA 的羟基发生反应生成端羟基化合物，而端羟基化合物又会与 ECH 反应生成端氯化羟基化合物，生成的氯化羟基与 NaOH 反应，脱去 HCl 之后又会生成新的环氧基团。在 ECH 过量的条件下，开环-闭环反应不断地发生，最终会得到两端基均为环氧基团的双酚 A 型环氧树脂。根据所需树脂产物分子量的需求，可控制 BPA 和 ECH 的投料配比，来实现分子量的大致调控。

3.6.3 结构

按照与环氧基相连基团的化学结构的不同，双酚 A 型环氧树脂通常可分为五类：缩水甘油醚型树脂、缩水甘油酯型树脂、缩水甘油胺型树脂、脂环族环氧化合物和线型脂肪族环氧化合物。

（1）缩水甘油醚型环氧树脂

缩水甘油醚型树脂由环氧氯丙烷与多元酚或多元醇经过缩聚反应制得，其中最具有代表性的品种是双酚 A 型二缩水甘油醚，占全世界环氧树脂总产量的 75% 以上。双酚 A 型二缩水甘油醚的化学结构式如下。

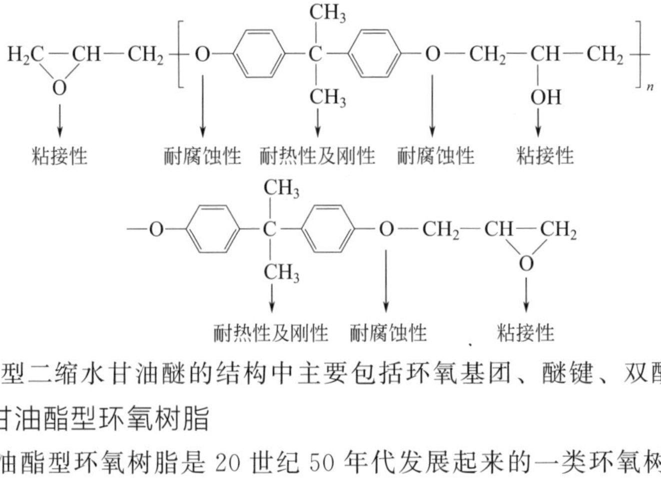

双酚 A 型二缩水甘油醚的结构中主要包括环氧基团、醚键、双酚 A 等结构。

（2）缩水甘油酯型环氧树脂

缩水甘油酯型环氧树脂是 20 世纪 50 年代发展起来的一类环氧树脂，其分子结构主要特点是含有两个或两个以上缩水甘油酯基，以苯二甲酸二缩水甘油酯为例，有三种结构。

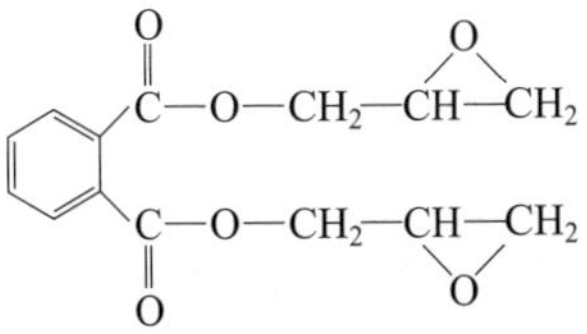

邻苯二甲酸二缩水甘油酯

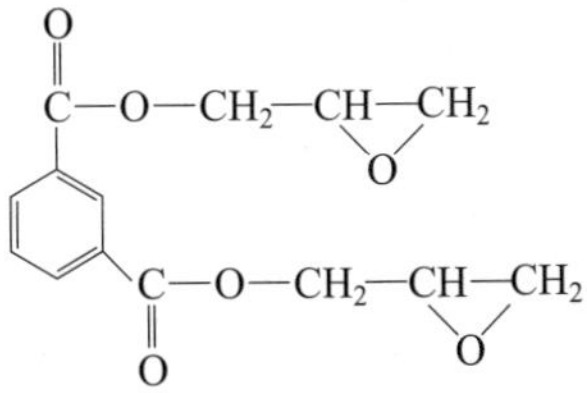

间苯二甲酸二缩水甘油酯

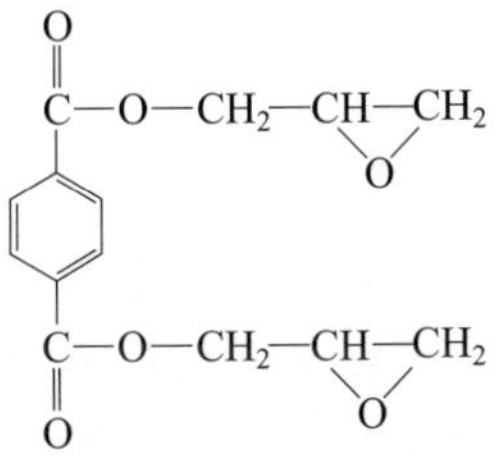

对苯二甲酸二缩水甘油酯

由于分子结构中不含酚氧基，缩水甘油酯型环氧树脂的耐候性优于双酚A型环氧树脂，超低温度（<196℃）下固化仍然具有良好的粘接强度，缺陷是酯基的存在使得耐水性、耐热性、耐化学性较差。

（3）缩水甘油胺型环氧树脂

该类树脂由多元胺（伯胺或仲胺）与环氧氯丙烷反应脱去氯化氢制得，含有两个或两个以上缩水甘油基，结构式如下。

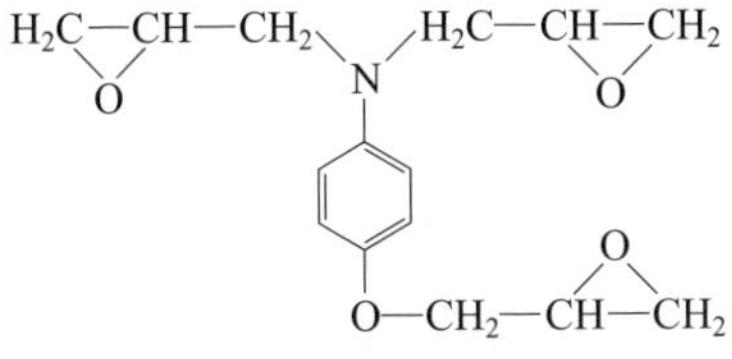

三缩水甘油基对氨基苯酚

（4）脂环族环氧化合物

脂环族环氧化合物是含有两个脂环环氧基的低分子化合物，这类环氧化合物由丁二烯、丁烯醛、环戊二烯按 Diels-Alder 反应制得，其本身不是树脂，但是与固化剂作用后能生成性能优异的三维体型结构的树脂，脂环族环氧树脂是低分子化合物，其环氧基直接连在脂环上。

（5）线性脂肪族环氧化合物

该类树脂是用过氧化物环氧化脂肪族烯烃的双键制得的环氧树脂。在其分子结构中没有苯环、脂环和杂环，只有脂肪链。

（6）连续纤维增强环氧树脂基复合材料

将连续纤维作为增强体，环氧树脂作为基体进行复合固化后制备出连续纤维增强环氧树脂基复合材料。连续纤维增强环氧树脂基复合材料密度低，比强度、比模量高，铺层结构可设计，在对密度、刚度、重量、疲劳特性等有严格要求的领域颇具优势，在航空航天、交通、能源等实际工程领域中应用广泛。

3.6.4 性能

（1）物理性能

环氧树脂为热固性高分子材料，一般为黄色或者透明的固体或液体，密度约为 $1.2g/cm^3$，吸水率在 1% 左右。

（2）力学性能

环氧树脂的力学性能与分子结构、环氧当量密切相关。通常情况下，环氧当量较高的环氧树脂固化后交联度高，强度大但较脆，环氧当量中等的高低温强度较好，环氧当量低的强度较差。固化后环氧树脂的典型应力-应变曲线如图 3.26 所示。

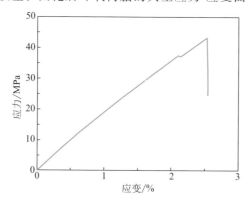

图 3.26　环氧树脂（牌号：E51）的应力-应变曲线

（3）热性能

在无氧条件下，环氧树脂的热分解温度在 300℃ 以上。而在空气中，在 180～200℃ 下就会发生热氧化分解。在较高温度下，环氧树脂的强度会出现不同程度的下降，这与其分子结构密切相关。

（4）加工性能

环氧树脂通常具有较低的黏度和较好的流动性，适用于不同的加工工艺。不同环氧树脂在不同固化剂下的固化温度分布较广，但都相对较低，并且固化速率可通过加入添加剂进行调节。

（5）耐环境性能

环氧树脂通常具有较强的耐溶剂特性，但在强酸、强碱环境下也会发生变形和破坏，在一定质量分数的甲醛溶剂中会发生较严重的破坏。

表 3.12～表 3.14 列出相关环氧树脂的基本性能。

表 3.12　国内中温固化环氧树脂基本性能

树脂牌号	基本性能	典型值
3218	密度/(g/cm³)	1.24
	拉伸强度/MPa	70
	拉伸弹性模量/GPa	3.2
	断裂伸长率/%	3.0
3234	密度/(g/cm³)	1.23
	拉伸强度/MPa	73(室温)、63(60℃)
	拉伸弹性模量/GPa	3.3(室温)、2.6(60℃)
	断裂伸长率/%	2.8(室温)、3.6(60℃)
3235	拉伸强度/MPa	76(室温)、69(80℃)
	拉伸弹性模量/GPa	3.3(室温)、2.9(80℃)
	断裂伸长率/%	3.4(室温)、3.7(80℃)
3261	拉伸强度/MPa	84(室温)、78(60℃)
	拉伸弹性模量/GPa	3.0(室温)、2.7(60℃)
	断裂伸长率/%	4.2(室温)、4.9(60℃)
3266	密度/(g/cm³)	1.2
	拉伸强度/MPa	80.58
	拉伸弹性模量/GPa	3.47
	弯曲模量/GPa	3.77
YEW-7808	密度/(g/cm³)	1.14～1.18
	拉伸强度/MPa	87.7～95.1
	拉伸弹性模量/GPa	3.62～3.82
	断裂伸长率/%	3.8～4.0
YEB-7912	密度/(g/cm³)	1.12～1.16
	拉伸强度/MPa	86.8～93.1
	拉伸弹性模量/GPa	3.43～3.62
	断裂伸长率/%	3.8～4.2

表 3.13　国内高温固化环氧树脂基本性能

树脂牌号	基本性能	典型值
4211	密度/(g/cm³)	1.23
	玻璃化转变温度/℃	154～170
	拉伸弹性模量/GPa	2.842
	压缩强度/MPa	50.6
	弯曲强度/MPa	60.3
	平面剪切强度/MPa	33.2
	平面剪切模量/GPa	1.17

树脂牌号	基本性能	典型值
5232	密度/(g/cm³)	1.28
	玻璃化转变温度/℃	258~262
	拉伸强度/MPa	67.7(室温)
	拉伸弹性模量/GPa	3.77(室温)
	断裂伸长率/%	1.99(室温)
	压缩强度/MPa	199.1
	压缩弹性模量/GPa	3.46
5228	密度/(g/cm³)	1.26
	玻璃化转变温度/℃	220
	拉伸强度/MPa	86
	拉伸弹性模量/GPa	3.5
	断裂伸长率/%	3.4
5288	密度/(g/cm³)	1.26
	玻璃化转变温度/℃	220
	拉伸强度/MPa	98
	拉伸弹性模量/GPa	3.5
	断裂伸长率/%	4.3

表 3.14　国外环氧树脂基本性能

树脂牌号	基本性能	典型值
8552	密度/(g/cm³)	1.30
	玻璃化转变温度/℃	154(湿态) 200(干态)
	拉伸弹性模量/GPa	4.7
	拉伸强度/MPa	121
	断裂伸长率/%	4.0
934	密度/(g/cm³)	1.30
	玻璃化转变温度/℃	160(湿态) 194(干态)
	拉伸强度/MPa	82.7
	拉伸弹性模量/GPa	4.1
	断裂伸长率/%	0.7
	弯曲强度/MPa	68.9
	弯曲弹性模量/GPa	4.1

树脂牌号	基本性能	典型值
977-2	密度/(g/cm³)	1.31
	玻璃化转变温度/℃	212
	拉伸强度/MPa	81.4±11
	拉伸弹性模量/GPa	3.52±0.14
	弯曲强度/MPa	197±7
	弯曲弹性模量/GPa	3.45±0.07
	玻璃化转变温度/℃	218～240
	弯曲强度/MPa	144.7±30(干态) 69.6±2.8(湿态)
	弯曲弹性模量/GPa	3.79±0.07(干态) 2.41±0.1(湿态)
913	密度/(g/cm³)	1.23
	玻璃化转变温度/℃	131～164
	拉伸强度/MPa	66(70℃) 64(90℃)
	拉伸弹性模量/GPa	3.4
914	密度/(g/cm³)	1.3
	玻璃化转变温度/℃	224
	挥发分含量/%	<1
R6376	密度/(g/cm³)	1.31
	玻璃化转变温度/℃	224
	拉伸强度/MPa	105(室温) 75.8(121℃)
	拉伸弹性模量/GPa	3.58(室温) 2.48(121℃)
	弯曲强度/MPa	144(室温) 133(121℃)
	弯曲弹性模量/GPa	4.41(室温) 3.51(121℃)
F155	密度/(g/cm³)	1.335
	玻璃化转变温度/℃	121
	拉伸强度/MPa	80
	拉伸弹性模量/GPa	3.24
	断裂伸长率/%	5.2

热固性树脂基复合材料是目前研究最多、应用最广的一种复合材料，具有质量轻、强度高、模量大、耐腐蚀性好、电性能优异、原料来源广泛、加工成型简便、生产效率高等特点，并具有可设计性以及其他功能性，如减振、消音、透波、隐身、耐烧蚀等特性，已成为国民经济、国防建设和科技发展中无法取代的重要材料。在热固性树脂基复合材料中应用较为广泛的三种树脂是酚醛树脂、不饱和聚酯和环氧树脂。这三种树脂的性能各有特点：酚醛树脂耐热性较高，耐酸性好，固化速度快，但较脆、需高压成型，不饱和聚酯的工艺性好、成本最低，但性能较差，环氧树脂的黏结强度和内聚强度高，耐腐蚀性及介电性能优异，综合性能最好，但成本较高。因此在实际工程中环氧树脂基复合材料多用于对使用性能要求高的场合，如用作结构材料、耐腐蚀材料、电绝缘材料及透波材料等。以环氧树脂作为基体材料，高性能纤维作为增强材料复合而成的树脂基复合材料能够充分发挥各组分材料的特点和潜在能力，通过各组分的合理匹配和协同作用，呈现出原来单一材料所不具有的优异性能，从而达到对材料体系的综合性能要求。由于工艺性好、耐腐蚀、耐高温等特点，环氧树脂基复合材料已被广泛应用于航空航天、交通运输、体育等领域。

表 3.15～表 3.17 列出了环氧树脂及其纤维增强复合材料的典型性能。

表 3.15　环氧树脂性能（牌号：Cytec，FM 400NA）

项目	数值	测试标准
物理性能		
密度/(g/cm^3)	1.15	ISO 1183
吸水率(24h)/%	0.14	ISO 62-1
力学性能		
弯曲强度/MPa	130	ISO 178
拉伸模量/GPa	3.4	ISO 527
拉伸强度/MPa	90	ISO 527
缺口冲击强度/(kJ/m^2)	2.0	ISO 179
热性能		
玻璃化转变温度/℃	190	ISO 11357
热分解温度/℃	350	—
热膨胀系数/(10^{-6}/K)	60	ISO 11359-2
热变形温度(1.8MPa)/℃	120	ISO 75
电性能		
体积电阻率/Ω·m	10^{18}	IEC 60093
表面电阻率/Ω	$5×10^{18}$	IEC 60093

项目	数值	测试标准
介电强度/(kV/mm)	20	IEC 60243-1
介电常数(25℃,60Hz)	3.8	IEC 60250

表 3.16　碳纤维增强环氧树脂复合材料性能（牌号：IM7/381）

项目	数值	测试标准
物理性能		
纤维体积分数/%	58	—
固化后单层厚度/mm	0.137	—
力学性能		
0°拉伸强度/MPa	2468	ASTM D3039
0°拉伸模量/GPa	165	ASTM D3039
90°拉伸强度/MPa	38	ASTM D3039
90°压缩模量/GPa	8.83	ASTM D3039
0°压缩强度/MPa		
0°压缩模量/GPa	148	ASTM D6641
面内剪切强度/MPa	128	ASTM D5379
面内剪切模量/GPa	4.3	ASTM D5379
短梁剪切强度/MPa	92	ASTM D2344
开孔压缩强度/MPa		
弯曲强度/MPa	1455	ASTM D790
弯曲模量/GPa	136	ASTM D790
冲击后压缩强度/MPa	234	ASTM D7137
断裂韧性 G_{IIc}/(J/m^2)	2540.4	ASTM D5528

表 3.17　玻璃纤维增强环氧树脂复合材料性能（牌号：S-2/381）

项目	数值	测试标准
物理性能		
纤维体积分数/%	50	—
固化后单层厚度/mm	0.086	—
力学性能		
0°拉伸强度/MPa	1765	ASTM D3039
0°拉伸模量/GPa	47.9	ASTM D3039
90°拉伸强度/MPa	60	ASTM D3039
90°压缩模量/GPa	12.7	ASTM D3039

项目	数值	测试标准
0°压缩强度/MPa		
0°压缩模量/GPa	48.3	ASTM D6641
90°压缩强度/MPa	—	ASTM D6641
90°压缩模量/GPa	—	ASTM D6641
面内剪切强度/MPa	135	ASTM D5379
面内剪切模量/GPa		
短梁剪切强度/MPa	86	ASTM D2344
弯曲强度/MPa	1565	ASTM D790
弯曲模量/GPa	49	ASTM D790

3.6.5 应用

环氧树脂具有优异的粘接性、耐腐蚀性、电气绝缘、高强度等诸多优点，因此可作为胶黏剂、涂料、绝缘材料等广泛地被应用于生产生活。另外，以环氧树脂为基体的纤维增强树脂基复合材料在航天、能源动力、机械制造等各个领域发挥着不可或缺的作用。在航空航天领域，纤维增强环氧树脂基复合材料主要应用在主翼、尾门、直升机旋转翼片、发动机盖等部位，在日常生活领域，纤维增强环氧树脂基复合材料还普遍用于体育器材如球拍、网球手柄、钓竿等，同时在车辆、船舶、家用电器等领域有着非常广泛的应用。

环氧树脂具有优良的粘接性和较为出色的综合性能，常作为胶黏剂应用在尖端技术领域和日常生活用品上，如图3.27所示。环氧树脂胶黏剂具有以下优点：①适应性强，应用范围广泛；②不含挥发性溶剂；③低压粘接，也就是指触压即可粘接；④固化收缩小；⑤固化产物耐疲劳性好，畸变小；⑥耐腐蚀、耐化学药品、耐湿，以及电气绝缘性能优良。

环氧树脂耐化学药品性能好，抗酸碱和油侵蚀能力强，与金属有良好的附着力，常用做涂料，适合用于金属防腐。环氧树脂反应固化后耐热性强，用它制成的防火涂料附着力好、强度高。环氧树脂防火涂料封闭性极好，能够很好地将阻燃成分封闭在涂层里面，其防火性能基本不受环境和时间的影响。环氧树脂具有较强的耐辐照性能，能够作为防辐射材料的良好树脂基体。

环氧树脂基高压管道主要是由环氧树脂和环氧乙烯基酯树脂作为基体，玻璃纤维为增强体，采用纤维缠绕技术制成的，它主要用于油田二/三次采油过程中，用作制造地面油气集积、输送管线及井下油管等，解决了油田钢管存在的严重腐

图 3.27　环氧树脂胶黏剂

蚀问题，如图 3.28 所示。同时，高压管道的耐高温、耐高压和耐腐蚀性能的高度可靠性，为油田工程广泛应用带来长期的经济和社会效益。

图 3.28　输油高压管道由玻璃纤维增强环氧树脂基复合材料制成

　　出于航空航天飞行及其安全的考虑所需，其结构材料应具有高比强度、高比模量、高可靠性和高稳定性，环氧树脂基复合材料符合上述条件，具有轻质高强特性的环氧树脂基复合材料已经成为了航空航天制造业不可缺少的材料。

　　在航天领域，利用纤维缠绕工艺制造的环氧基固体发动机罩，不仅耐腐蚀、耐高温和耐辐射，而且密度小、刚性好、强度高且尺寸稳定。除此之外，如导弹弹头、卫星整流罩和宇宙飞船的防热材料以及太阳能电池阵基板，都采用了纤维增强环氧基复合材料来制造。在通信卫星方面，由于碳纤维增强环氧树脂复合材料的比强度和比模量都很高，用其制备的薄板式天线强度、刚性远高于铝质天线，且薄板式结构的天线面板薄、导热快，阳光不均匀照射所造成的面、背和侧的温度梯度小，热应力变形小，更有利于恶劣环境下型面精度的保持。因此，目前卫星载天线的结构材料基本均为碳纤维增强环氧树脂复合材料，如图 3.29 所示。同时，由碳纤维增强环氧树脂复合材料制备的用于地面的各种口径的毫米波、亚毫米波的高精度、高稳定性的抛物面天线，也已在各个国家成功应用。

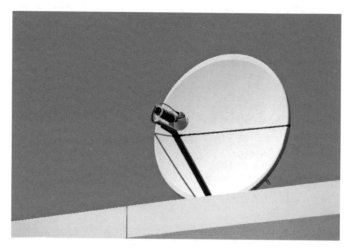

图 3.29　纤维增强环氧树脂基复合材料薄板式天线

在航空领域，美国从 F-14、F-15 战斗机就开始使用碳纤维增强环氧树脂基复合材料以降低结构重量，提高推力，其中复合材料质量占总结构质量的 2%～3%。而在 F-18 战斗机中，环氧树脂基复合材料已占总结构质量的 10%，包括水平尾翼、方向舵、垂直稳定板、减速板等。在 F-22 战斗机中，复合材料的用量已达到 24%，而新一代直升机的复合材料用量更是高达 65%～80%。用树脂基复合材料来代替金属材料制造飞机零部件，可使零部件重量减轻 25%～50%。以复合材料在飞机发动机中的应用为代表，美国通用电气——飞机发动机事业集团公司（GE-AEBG）和普惠公司（Pratt & Whitney Group P&W）等喷气发动机制造公司都在用高性能复合材料取代金属制造飞机发动机零部件，如发动机舱系统的紧推力反向器、风扇罩及风扇出风道导流片等。

民用航空材料方面，采用碳纤维增强环氧树脂基复合材料带来了非常明显的性价比。欧洲空中客车公司提出，更多地用轻质高强材料使机身减重 30%，整个飞行成本可降低 40%。空客公司的储备技术还提出，机身质量减 15%，成本可下降 15%的目标。空客公司的 A380 飞机约 25%由复合材料制造，其中 22%为纤维增强环氧基和工程树脂基复合材料。图 3.30 展示了民用客机 A380 中纤维增强环氧树脂基复合材料的使用部位。再如波音 777 飞机上采用纤维增强复合材料量达 9900 kg，占结构总质量的 11%。我国高性能复合材料应用于航空业已有 20 多年历史，目前军用歼击机占用量达 25%，直升机最高用量可达 50%，民用客机也达到 10%～20%，主要用于起落架舱门、内外侧副翼、方向舵、升降舵及扰流板等部位。

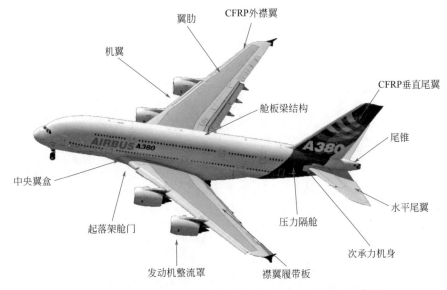

图 3.30　环氧树脂基复合材料在民用航空客机上的应用

随着风力发电的迅速进展，纤维增强环氧树脂基复合材料在风力发电领域也有着非常广阔的应用市场。除了作为风机叶片的主体材料外，环氧树脂在叶片的模具、机舱罩及驱动轴等部分也有着一定的应用。如图 3.31 所示，目前的风机

图 3.31　环氧树脂基复合材料风机叶片

叶片一般采用环氧树脂基复合材料作为主体材料，对于长度大于 30m 的叶片而言，环氧树脂能够实现浸渍性、弯曲疲劳性能、结构整体性、压缩强度等方面的最佳综合性能，同时其质量也最轻。近年来，陶氏化学、赫氏复材、巴斯夫等国际知名企业均推出了相应的用于制备风机叶片的环氧树脂产品。

除此之外，环氧树脂满足高温模具和灌注成型工艺的要求，可以用作加工叶片的模具。美国 Dow Epoxy System 公司和瑞士 Solent 复合材料公司生产的叶片模具的上模和下模均为碳纤维织物增强的环氧树脂复合材料。这种采用低温固化的环氧树脂制备的复合材料模具，表面平整度、光洁性高，无点蚀，使用方便，易于成型复杂形状制片。

 思考题

1. 影响 PA 吸水率的主要因素是什么？为什么 PA 吸水后力学性能会发生显著变化？

2. 写出芳纶的结构式。

3. 分析均聚甲醛和共聚甲醛的结构差异，并以此为根据分析两者的性能差异。

4. 玻璃纤维增强的 POM 在性能上有哪些改变？

5. 列举至少 5 种 PPO 的改性方法，以及每种改性方法的改性机理。

6. 结合 PPO 的结构特征，简述其力学性能和耐热性能特点。

7. 以双酚 A 结构 PC 为例，阐述双酚 A 结构的性能优势。

8. 从结构、性能和应用三方面比较 PMMA 与 PC 的相同点和不同点。

9. 环氧树脂的化学改性方法都有哪些，举例说明。

参考文献

[1] Li Liu, Chuyuan Jia, Jinmei He, Feng Zhao, Dapeng Fan, Lixin Xing, Mingqiang Wang, Fang Wang, Zaixing Jiang, Yudong Huang. Interfacial characterization, control and modification of carbon fiber reinforced polymer composites [J]. Composites Science and Technology, 2015, 121.

[2] Malte Winnacker, Bernhard Rieger. Biobased Polyamides: Recent Advances in Basic and Applied Research [J]. Macromolecular Rapid Communications. 2016, 37, 1391-1413

[3] Zhang S, Zhang J, Tang L, et al. A Novel Synthetic Strategy for Preparing Polyamide 6

（PA6）-Based Polymer with Transesterification [J] . Polymers, 2019, 11（6）: 978.

[4] Tan Z, Chen S, Peng X, et al. Polyamide membranes with nanoscale Turing structures for water purification [J] . ence, 2018, 360（6388）: 518-521.

[5] Kang X, Liu Y, Chen N, et al. Influence of modified ammonium polyphosphate on the fire behavior and mechanical properties of polyformaldehyde [J] . Journal of Applied Polymer Science, 2021, 138（14）: 50156.

[6] Aronson A, Tartakovsky K, Falkovich R, et al. Failure analysis of aging in polyoxymethylene fuel valves using fractography and thermal-FTIR analysis [J] . Engineering Failure Analysis, 2017, 79: 988-998.

[7] Schubert D, Hertle S, Drummer D. Influence of titanium oxide-based colourants on the morphological and tribomechanical properties of injection-moulded polyoxymethylene spur gears [J] . Journal of Polymer Engineering, 2019, 39（8）: 774-783.

[8] Gautam Das, Bang Ju park, Jihyeon Kim, Dongho Kang & Hyon HeeYoon. Quaternized cellulose and graphene oxide crosslinked polyphenylene oxide based anion exchange membrane [J] . Scientific RepoRts, 2019（9）: 9572.

[9] Ono R J, Liu S Q, Venkataraman S, et al. Benzyl Chloride-Functionalized Polycarbonates: A Versatile Platform for the Synthesis of Functional Biodegradable Polycarbonates [J] . Macromolecules, 2014, 47（22）: 7725-7731.

[10] Ali U, Karim K J B A Buang N A. A Review of the Properties and Applications of Poly（Methyl Methacrylate）（PMMA）[J] . Polymer Reviews, 2015, 55（4）: 1-28.

[11] Dall'Oca C, Maluta T, Cavani F, et al. The biocompatibility of porous vs non-porous bone cements: a new methodological approach. Eur J Histochem. 2014; 58（2）: 2255.

[12] Yang J, Zhang K, Zhang S, et al. Preparation of calcium phosphate cement and polymethyl methacrylate for biological composite bone cements. Med Sci Monit. 2015; 21: 1162-1172.

[13] Peutzfeldt A. Resin composites in dentistry: the monomer systems [J] . European Journal of Oral Sciences, 2010, 105（2）: 97-116.

[14] Xie Y, Hill C A S, Xiao Z, et al. Silane coupling agents used for natural fiber/polymer composites: A review [J] . Composites Part A Applied Science & Manufacturing, 2010, 41（7）: 806-819.

[15] Ratna D, Samui A B, Chakraborty B C. Flexibility improvement of epoxy resin by chemical modification [J] . Polymer International, 2010, 53（11）: 1882-1887.

[16] Wong D W Y, Lin L, Mcgrail P T, et al. Improved fracture toughness of carbon fibre/epoxy composite laminates using dissolvable thermoplastic fibres [J] . Composites Part A: Applied Science & Manufacturing, 2010, 41（6）: 759-767.

[17] Peng C, Chen Z, Tiwari M K . All-organic superhydrophobic coatings with mechanochemical robustness and liquid impalement resistance [J] . Nature Materials, 2018, 17（4）: 355-360.

第 4 章
特种高分子材料

4.1 氟塑料

氟塑料是主链中含有氟原子的一类高分子材料，一般由含氟原子的单体（如四氟乙烯，三氟氯乙烯，偏氟乙烯，氟乙烯等）通过均聚或与其它不含氟的不饱和单体共聚制得。主要的氟塑料种类如表 4.1 所示。

表 4.1　氟塑料名称及结构

名称	简称	结构式
聚四氟乙烯	PTFE，F_4	$\left[\begin{array}{cc} F & F \\ \vert & \vert \\ -C-C- \\ \vert & \vert \\ F & F \end{array}\right]_n$
四氟乙烯-全氟烷基乙烯基醚共聚物	PFA	$\left[\begin{array}{cc} F & F \\ \vert & \vert \\ -C-C- \\ \vert & \vert \\ F & F \end{array}\right]_m \left[\begin{array}{cc} F & F \\ \vert & \vert \\ -C-C- \\ \vert & \vert \\ F & OR_f \end{array}\right]_n$
四氟乙烯-六氟丙烯共聚物	FEP，F_{46}	$\left[\begin{array}{cc} F & F \\ \vert & \vert \\ -C-C- \\ \vert & \vert \\ F & F \end{array}\right]_m \left[\begin{array}{cc} F & F \\ \vert & \vert \\ -C-C- \\ \vert & \vert \\ F & CF_3 \end{array}\right]_n$
乙烯-四氟乙烯共聚物	E/TFE，F_{40}	$\left[\begin{array}{cc} F & F \\ \vert & \vert \\ -C-C- \\ \vert & \vert \\ F & F \end{array}\right]_m \left[\begin{array}{cc} H & H \\ \vert & \vert \\ -C-C- \\ \vert & \vert \\ H & H \end{array}\right]_n$

名称	简称	结构式
聚三氟氯乙烯	PCTFE, F_3	$\left[\begin{array}{cc}F & F \\ -C-C- \\ F & Cl\end{array}\right]_n$
聚偏氟乙烯	PVDF, F_2	$\left[\begin{array}{cc}F & H \\ -C-C- \\ F & H\end{array}\right]_n$
聚氟乙烯	PVF, F_1	$\left[\begin{array}{cc}H & H \\ -C-C- \\ H & F\end{array}\right]_n$
偏氟乙烯与三氟氯乙烯共聚物	F_{23}	$\left[\begin{array}{cc}F & H \\ -C-C- \\ F & H\end{array}\right]_m\left[\begin{array}{cc}F & F \\ -C-C- \\ F & Cl\end{array}\right]_n$
偏氟乙烯与四氟乙烯共聚物	F_{24}	$\left[\begin{array}{cc}F & H \\ -C-C- \\ F & H\end{array}\right]_m\left[\begin{array}{cc}F & F \\ -C-C- \\ F & F\end{array}\right]_n$
偏氟乙烯与六氟丙烯共聚物	F_{26}	$\left[\begin{array}{cc}F & H \\ -C-C- \\ F & H\end{array}\right]_m\left[\begin{array}{cc}F & F \\ -C-C- \\ F & CF_3\end{array}\right]_n$
三氟氯乙烯与乙烯共聚物	F_{30}	$\left[\begin{array}{cc}F & F \\ -C-C- \\ F & Cl\end{array}\right]_m\left[\begin{array}{cc}H & H \\ -C-C- \\ H & H\end{array}\right]_n$
四氟乙烯与全氟代烷基乙烯基醚共聚物	PEA	$\left[\begin{array}{cc}F & F \\ -C-C- \\ F & F\end{array}\right]_m\left[\begin{array}{cc}F & F \\ -C-C- \\ F & OC_nF_{2n+1}\end{array}\right]_n$

4.1.1 概述

聚四氟乙烯（polytetrafluoroethylene，PTFE）是氟塑料中产量最大、用途最广的品种。1938 年，美国 DuPont 公司科学家 Roy J. Plunkett 首次合成制得 PTFE，并在 1945 年实现大规模生产。

由于突出耐腐蚀性能，氟塑料在国防、机电、冶金及石油化工等工业领域有着广泛的应用。除此之外，聚四氟乙烯纤维、四氟乙烯与六氟丙烯共聚纤维、聚偏氟乙烯纤维以及乙烯-三氟氯乙烯共聚纤维等含氟纤维应用于过滤、电缆及组阻燃物等领域，而聚烯烃类氟橡胶、亚硝基氟橡胶、四丙氟橡胶、磷腈氟橡胶以及全氟醚橡胶等氟橡胶由于优异的耐热性、抗氧化性、耐油性、耐腐蚀性和耐大气老化性，在航天航空、汽车、石油和家用电器等领域得到了广泛应用，是国防尖端工业中无法替代的关键材料。

4.1.2 合成

（1）PTFE 的合成

PTFE 的合成机理为自由基聚合，反应式如下。

$$nCF_2{=}CF_2 \longrightarrow \left[\begin{array}{c} F \quad F \\ | \quad | \\ C-C \\ | \quad | \\ F \quad F \end{array} \right]_n$$

PTFE 的聚合方法分为悬浮聚合法和乳液聚合法两大类。悬浮聚合法由四氟乙烯单体、水、引发剂、活化剂在 $3{\sim}50℃$ 和 $0.5{\sim}0.7MPa$ 的压力下聚合 $1{\sim}2h$ 得到聚四氟乙烯，经过滤、洗涤和干燥后得到粒径为 $35{\sim}500\mu m$ 的白色粉末状或纤维状聚合物，适用于模压或挤压成型。相比于悬浮聚合法，乳液聚合法还需在合成过程中引入乳化剂，在 $80{\sim}90℃$、$2.7MPa$ 压力和少量铁粉的作用下聚合，先生成 $0.1{\sim}0.5\mu m$ 左右的初级粒子，后处理得到 $400{\sim}500\mu m$ 的次级粒子，分别适用于不同的成型工艺。

（2）其它氟塑料的合成

四氟乙烯-全氟烷基乙烯基醚共聚物（tetrafluoroethylene-perfluorinated alkyl vinyl ether copolymer，PFA）是一种为了改进 PTFE 成型工艺的不足而发展起来的改性品种，它的部分侧基是全氟烷基，通过醚键与主链相连，可用热塑性高分子材料的成型方法加工，又称为"可熔性聚四氟乙烯"。PFA 的合成主要采用乳液聚合法，以水为介质，过硫酸铵为引发剂，氢气为链转移剂，在 $70℃$ 和 $1.47MPa$ 的压力下发生共聚，经凝聚、洗涤、干燥、造粒后制得半透明的粒料，反应式如下。

$$nCF_2{=}CF_2 + mR_FO{-}CF{=}CF_2 \longrightarrow \left[\begin{array}{c} F \quad F \\ | \quad | \\ C-C \\ | \quad | \\ F \quad F \end{array} \right]_m \left[\begin{array}{c} F \quad F \\ | \quad | \\ C-C \\ | \quad | \\ F \quad OR_F \end{array} \right]_n$$

（通常 $R_F{=}{-}CF_2{-}CF_2{-}CF_3$）

四氟乙烯-六氟丙烯共聚物（tetrafluoroethylene-hexafluoropropylene copolymer，FEP）也是一种为了改进 PTFE 成型工艺的不足而发展起来的改性品种，FEP 和 PTFE 一样，也是完全氟化的结构，不同的是 FEP 主链的部分氟原子被三氟甲基（—CF$_3$）取代。FEP 的合成可采用悬浮聚合法、乳液聚合法和本体聚合法。

乙烯-四氟乙烯共聚物（ethylene-tetrafluoroethylene copolymer，E/TFE）的合成主要采用乳液聚合法。取等摩尔比的乙烯和四氟乙烯单体，另加少量的第三单体，聚合介质为水或有机溶剂（如正丁醇或四氯化碳），过硫酸钾为引发剂，在 65～70℃和 3～4MPa 压力下共聚，经洗涤和干燥后得到产物，反应式如下。

$$n\text{CH}_2\text{==CH}_2 + n\text{CF}_2\text{==CF}_2 \longrightarrow \left[\begin{array}{cccc} \text{F} & \text{F} & \text{H} & \text{H} \\ | & | & | & | \\ \text{C}- & \text{C}- & \text{C}- & \text{C} \\ | & | & | & | \\ \text{F} & \text{F} & \text{H} & \text{H} \end{array} \right]_n$$

聚三氟氯乙烯（polychlorotrifluoroethylene，PCTFE）的主链周围含有氟原子与氯原子。采用悬浮聚合法、乳液聚合法、溶液聚合法和本体聚合法都能制得聚三氟氯乙烯，以溶液聚合为例，以四氯化碳或氯仿为溶剂，过氧化二苯甲酰为引发剂，在 40～70℃温度下聚合几小时，得到粒径稍大的粉末产物，反应式如下。

$$n\text{CF}_2\text{==CFCl} \longrightarrow \left[\begin{array}{cc} \text{F} & \text{F} \\ | & | \\ \text{C}- & \text{C} \\ | & | \\ \text{F} & \text{Cl} \end{array} \right]_n$$

与 PTFE 相比，聚偏氟乙烯（polyvinylidene fluoride，PVDF）的重复单元中以两个氢原子代替了两个氟原子。PVDF 的合成主要采用悬浮聚合法和乳液聚合法，其中悬浮聚合时可用有机过氧化合物为引发剂，若在水介质中加少量的颗粒度控制剂，则可得到小粒径的粉末状产物。反应方程式如下。

$$n\text{CH}_2\text{==CF}_2 \longrightarrow \left[\begin{array}{cc} \text{H} & \text{F} \\ | & | \\ \text{C}- & \text{C} \\ | & | \\ \text{H} & \text{F} \end{array} \right]_n$$

4.1.3　结构

（1）PTFE 的结构

PTFE 由重复单元—CF$_2$—CF$_2$—构成，氟原子完全对称排列，是一种基本无支链的线性高分子聚合物。

PTFE 和 PE 的重复单元很相似，唯一区别在于 PE 的碳原子与氢原子相连，而 PTFE 的碳原子与氟原子相连。平面构象中相邻两原子之间的距离为 0.25nm，氢原子范德华半径为 0.12nm，相邻两个氢原子不会产生近程排斥力，该平面构象稳定，而氟原子范德华半径为 0.14nm，相邻两个氟原子表现为排斥力，该平面构象不稳定，这使得 PTFE 的分子链不可能像 PE 那样在空间呈平面锯齿形排列，而只能以拉长的螺旋形及扭曲的锯齿形排列，才能使较大的氟原子紧密地堆砌在 C—C 链骨架周围，而 C—C 键很难被伸长，因此 PTFE 只能通过旋转氟原子形成螺旋形空间三维构象，如图 4.1 和图 4.2 所示。这种螺旋构象导致 PTFE 在易受化学侵袭的碳链骨架外形成了一个紧密的完全"氟代"的保护层，严密地屏蔽了碳原子骨架，使得主链难以受到外界介质的侵蚀。此外，由于 PTFE 中两个 F 原子的距离是 0.27nm，近似为一级近程排斥力的临界距离，因此 PTFE 螺旋形构象链的刚性很强，加之 C—F 键具有较高键能，特别是当一个碳原子上连接有两个氟原子时，键长进一步缩短，键能增大，因此 PTFE 具有极高的化学稳定性，良好的耐高低温性，耐腐蚀性和阻燃性。但是，过于稳定的表面也使得 PTFE 分子间作用极弱，这也导致 PTFE 的硬度和拉伸强度较低。

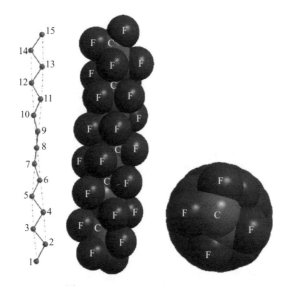

图 4.1　PTFE 空间三维构象

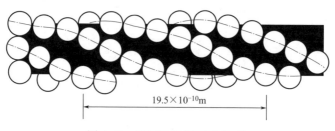

图 4.2　PTFE 空间三维构象

PTFE 是大量结晶区和少量无定形区并存的聚合物。PTFE 分子的螺旋构象长程有序，温度低于 19℃时每 13 个碳原子形成一个螺旋的周期，这种结构使得 PTFE 结晶度很高，一般在 55%～75%范围，最高可达 93%～97%。PTFE 分子的结晶形态与温度和压力有关，如图 4.3 所示。常压下在低于 19℃时是三斜晶型，每 13 个—CF_2—单元在绕轴线旋转六周后形成一个重复单元（称 13/6 结构或 II 型），高于 19℃时是六方晶系（晶胞参数见表 4.2），结构为 15/7（IV 型），当温度高于 30℃，螺旋结构的重复单元间距将逐渐变得无序，形成准六方晶型（I 型）。当压力足够大时，也可观察到 PTFE 的"拉链"形晶体结构（III 型）。

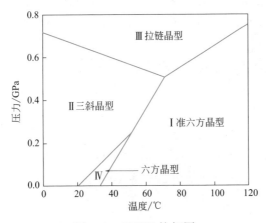

图 4.3　PTFE 的相图

表 4.2　PTFE 的晶胞参数

晶体种类	基本晶系	晶胞轴 /nm		轴间角	
		a	0.56	α	90°
PTFE	六方晶系	b	0.56	β	90°
		c	1.678	γ	120°

（2）PFA 的结构

PFA 是四氟乙烯和全氟丙基乙烯基醚的共聚物，引入全氟烷氧基相当于 PTFE 中的一个氟原子被全氟烷氧基所取代。从分子结构的角度而言，PFA 的碳链相对较短，链缠结的程度更高。

（3）FEP 的结构

FEP 和 PTFE 一样，也是完全氟化的结构，不同的是 PTFE 主链的部分氟原子被三氟甲基（—CF_3）取代，FEP 和 PTFE 虽都由碳氟元素组成，碳链周围完全被氟原子包围，但 FEP 大分子的主链上有分支和侧链。

（4） E/TFE 的结构

E/TFE 是乙烯和四氟乙烯交替排列的共聚物。从分子组成看，它与 PVDF 完全相同，但分子排列结构不同。E/TFE 分子链呈平面 z 字形，这种结构有利于紧密排列，而交替单元中较大的 C—F 基团与相邻链上较小的 C—H 基团结晶在一起形成斜方晶格，使得 E/TFE 具有低蠕变性、高模量和优异的力学性能。

（5） PCTFE 的结构

PCTFE 和 PTFE 相比，结构单元中一个氯原子取代了一个氟原子，而氯原子的体积大于氟原子，破坏了原 PTFE 分子的几何对称性，降低了其规整性，因此，PCTFE 的结晶度要低于 PTFE，但仍然可以结晶。由于氯原子的引入，其分子间作用力会增大，因此其拉伸强度、模量、硬度等均优于 PTFE。此外，由于氯原子和氟原子的体积均大于氢原子，对骨架碳原子均有良好的屏蔽作用，使得 PCTFE 仍具有优异的耐化学腐蚀性。由于 C—Cl 键不如 C—F 键稳定，因此，PCTFE 的耐热性不如 PTFE。

（6） PVDF 的结构

PVDF 是一种半结晶性高分子材料，在不同的合成条件和加工条件下得到的 PVDF 聚合物的晶体结构和结晶度不同。PVDF 常见的晶体结构主要 α，β 和 γ 三种。其中 α 晶型最常见，β 晶型因其优良的压电性能受到广泛的关注，γ 晶型为极性，一般产生于高温熔融结晶。

4.1.4 性能

（1） PTFE 的性能

① 物理性能　PTFE 是结晶性高分子材料，呈白色粉末或颗粒状，透明度较低，吸水率小于 0.01%。

② 力学性能　PTFE 在常温下的强度和模量一般，力学性能表现为"强而韧"，无回弹性，但断裂伸长率较高。当温度升高时，PTFE 将发生晶型转变，结晶度下降，无序部分增加，无定形区的出现会阻碍裂纹扩展，形成"韧窝"，进而提升 PTFE 的韧性。

PTFE 分子间的相互吸引力小，表面分子对其它分子吸引力也很小，且 PTFE 螺旋形构象链的刚性很强，大分子间的缠结难发生，因此具有极低的摩擦系数和良好的自润滑性。PTFE 的摩擦系数不随温度的变化而变化，在熔点以下均能保持稳定。

③ 热性能　由于 PTFE 大分子的 C—F 键能大，需要更大的能量才能将其破坏，因此 PTFE 的热稳定性极为突出，熔点较高，约为 350℃，热分解温度高

达 400℃。PTFE 的玻璃化转变温度在－100℃以下，热变形温度在 250℃左右，在低温和高温条件下都能保持良好的性能，在－250℃下不发脆，还能保持一定的挠曲性。

PTFE 的阻燃性非常突出，氧指数高达 95%。

④ 电性能 PTFE 分子为非极性分子，因而具有极其优异的介电性能。在 0℃以上时，介电性能不随频率和温度的变化而变化，也不受湿度和腐蚀性气体的影响，即使长期浸在水中其表面电阻率也保持不变。

PTFE 的耐电弧性极好，不会因为炭化残留炭等导电性物质引起短路，能够保持良好的电绝缘性。

⑤ 耐环境性能 PTFE 的碳链骨架被一层键合力很强的氟原子严密包围，使主链几乎不会受到任何化学物质侵蚀，因此具有优异的化学稳定性，能够耐受强腐蚀性和强氧化性的化学物质，在熔点以下不溶于溶剂。PTFE 的分子结构中不含双键，因此不会受到亲核试剂影响，只有极长时间的高温暴露下或强的亲电试剂中，如熔融状态的碱金属（如氟化钠或氟化钾），三氟化氯以及氟气等，能失去分子中的氟原子生成氟化物。随着氟原子的流失，氟/碳比下降，PTFE 表面由白色变为深棕色最终变为黑色，黑色部分主要由碳及氧化物等组成。

高能射线对 PTFE 的性能影响较为明显，其主要原因是碳-氟键和碳-碳键遭到破坏，当辐射剂量达到 10^4 Gy 时，开始发生显著分解，但仍能保持相当程度的强度。

⑥ 加工性能 PTFE 的加工性能不佳。PTFE 分子量大，熔融温度高达 350℃，熔体黏度高达 10^{10} Pa·s，且临界剪切速率低，加工时表现出剪切敏感性，容易出现熔体破碎现象，因此常规的挤出和注塑等熔融加工方法不适合 PTFE。因为 PTFE 具有极强的耐溶剂性，同样不适用于任何溶液成型工艺。因此 PTFE 主要采用烧结、模压、粉末涂覆和压延等方法成型，其中烧结是 PTFE 的主要加工手段。

表 4.3 列出了 PTFE（牌号：Chemrous^{TM}，Teflon^{TM}PTFE 7AX）的主要性能参数。

表 4.3 PTFE 性能（牌号：Chemrous^{TM}，Teflon^{TM}PTFE 7AX）

项目	数值	测试标准
物理性能		
密度/(g/cm^3)	2.16	ISO 1183
力学性能		
拉伸强度/MPa	48.3	ISO 527-2/1A
拉伸模量/GPa	0.4	ISO 527-2/1A

项目	数值	测试标准
断裂伸长率/%	375	ISO 527-2/1A
弯曲强度/MPa	17.3	ISO 178
弯曲模量/GPa	0.42	ISO 178
缺口冲击强度/(J/m^2)	157	ISO 179
电性能		
体积电阻率/$\Omega \cdot m$	10^{16}	IEC 60093
表面电阻率/Ω	10^{18}	IEC 60093
介电常数(25℃,60Hz)	<2.1	IEC 60250
热性能		
熔点/℃	342	ISO 11357-2
玻璃化转变温度/℃	-120℃	ISO 11357-2
热变形温度(1.8MPa)/℃	55	ISO 75-2/A

（2）PFA 的性能

① 物理性能 PFA 是结晶性高分子材料，是一种乳白色半透明固体，密度与 PTFE 相近。由于侧基主链与侧基之间存在醚键，吸水率略大于 PTFE，约为 0.03%。

② 力学性能 PFA 拉伸强度接近于 PTFE，高温下的强度保持率高于 PTFE，耐弯折寿命长，可反复弯折数十万次，远优于 PTFE，同时也具有 PTFE 良好的自润滑性。

③ 热性能 PFA 的熔点在 300℃附近，略低于 PTFE，热分解温度约为 425℃，最高使用温度为 260℃，热变形温度约为 200℃，低于 PTFE。PFA 阻燃性能优秀，极限氧指数高达 95%。

④ 电性能 PFA 具有与 PTFE 相似的介电性能，介电常数在很宽的温度范围内保持不变，基本上不受电场频率的影响。

⑤ 耐环境性能 PFA 的耐环境性能与 PTFE 相似，除了极长时间的高温暴露或强的亲电试剂可以使它分解外，其它一切试剂对它几乎不起作用。

⑥ 加工性能 PFA 的主链结构赋予该材料与 PTFE 十分接近的理化特性，而全氟烷氧侧基的引入增加了链的柔性，降低了其熔体黏度。PFA 的热稳定性好，加工温度可高达 425℃。如果超过 425℃加热，聚合物的熔体黏度会增大，高温下加工时有时会有变色现象，但并不影响材料性能。

PFA 可以采用注塑、挤出、模压和喷涂等方法成型。但 PFA 的临界剪切速率较低，注塑和挤出时只宜采用较低的出料速率和成型压力。PFA 的加工温度高，熔体对金属有腐蚀作用，要求模具及设备耐高温且耐腐蚀。

表 4.4 列出了 PFA（牌号：Chemrous^{TM}，Teflon^{TM}PFA 416HP）的主要性能参数。

表 4.4　PFA 性能（牌号：Chemrous^{TM}，Teflon^{TM}PFA 416HP）

项目	数值	测试标准
物理性能		
密度/(g/cm^3)	2.15	ASTM D792
力学性能		
拉伸强度/MPa	25	ASTM D3307
断裂伸长率/%	350	ASTM D3307
弯曲模量/GPa	0.69	ASTM D790
电性能		
介电常数(25℃,1MHz)	2.03	ASTM D150
介电损耗(25℃,1MHz)	0.0002	ASTM D150
介电强度/(kV/mm)	80	ASTM D149
热性能		
熔点/℃	305	ISO 11357-2

（3）FEP 的性能

① 物理性能　FEP 为结晶性高分子材料，是一种乳白色半透明至透明的固体，密度与 PTFE 相近，吸水率不超过 0.01%。

② 力学性能　FEP 的力学性能与 PTFE 相似，但室温下韧性和耐蠕变性比 PTFE 好，高温下不如 PTFE。FEP 作为结构材料使用时，可使用短切玻璃纤维进行增强。添加 10% 的短切纤维后，FEP 的瞬间压缩变形可降低 25%，耐蠕变性可提高 2 倍。

③ 热性能　FEP 熔点约为 250℃，可在 -85～205℃ 的温度范围内长时间工作，在 380℃ 以上的高温才会发生显著分解。FEP 不能燃烧，极限氧指数高达 95%。

④ 电性能　FEP 的体积电阻率与 PTFE 相似，是一种十分优异的电绝缘材料。另外，FEP 具有优异的介电性能。FEP 的介电常数很小，并且基本上不受温度和频率的影响，介电损耗角正切很低，高频下介电损耗角正切略有增大。

⑤ 耐环境性能　FEP 的耐环境性能与 PTFE 相似，除了极长时间的高温暴露或强的亲电试剂可以使它分解外，其它试剂对它几乎不起作用。

⑥ 加工性能　由于在四氟乙烯分子中引入了部分三氟甲基支链，FEP 熔体

黏度较低，表观黏度随剪切速率的增大降低，可用一般热塑性高分子材料的成型方法加工，克服了 PTFE 成型困难的缺点。

FEP 几乎不吸水，只有成型前长期存放在潮湿环境中时，需要在 120℃ 干燥 2h。FEP 的热导率小，传热慢，加工温度高，加工时应注意升温和冷却速率。FEP 收缩率较大，一般为 3%～6%。FEP 的静电吸着性很强，制品表面容易吸尘污染而影响其性能，必要时需加入抗静电剂。

表 4.5 列出了 FEP（牌号：Chemrous^{TM}，Teflon^{TM}FEP106）的主要性能参数。

表 4.5　FEP 性能（牌号：Chemrous^{TM}，Teflon^{TM}FEP106）

项目	数值	测试标准
物理性能		
密度/(g/cm^3)	2.14	ASTM D792
力学性能		
拉伸强度/MPa	22	ASTM D638
断裂伸长率/%	300	ASTM D638
缺口冲击强度/(kJ/m^2)	无法破坏	ASTM D256
电性能		
介电常数(25℃,1MHz)	2.03	ASTM D150
介电损耗(25℃,1GHz)	0.0012	ASTM D150
介电强度/(kV/mm)	＞85	ASTM D149
热性能		
熔点/℃	255	ASTM D3418

（4）E/TFE 的性能

① 物理性能　E/TFE 是一种半结晶性高分子材料，呈现半透明状。E/TFE 是氟塑料中最轻的一类，密度为 1.7g/cm^3。

② 力学性能　E/TFE 的拉伸强度、冲击强度和耐蠕变性均优于 PTFE，耐低温冲击强度是现有氟塑料中最好的。

③ 热性能　E/TFE 的长期使用温度为 $-60～180℃$，短时使用温度可达 230℃，经玻璃纤维增强后的复合材料长期使用温度可达 200℃。

④ 电性能　E/TFE 是一种极好的绝缘材料，同时介电损耗角正切很低，介电常数随频率的变化不大。

⑤ 耐环境性能　E/TFE 的耐环境性能与 PTFE 相似，除了极长时间的高温暴露或强的亲电试剂可以使它分解外，其它一切试剂对它几乎不起作用。E/TFE 耐候性好，对水稳定，在沸水中浸渍 3000h，其拉伸强度和延伸率基本保持

不变。

由于共聚物中的含次甲基链节可在辐射下产生部分交联，因此 E/TFE 在高能射线辐射下十分稳定，强度和耐热性反而有所提高。

⑥ 加工性能　E/TFE 可用普通热塑性高分子材料的成型方法加工。

表 4.6 列出了 E/TFE（牌号：Chemrous™，Tefzel™ETFE200）的主要性能参数。

表 4.6　E/TFE 性能表（牌号：Chemrous™，Tefzel™ETFE200）

项目	数值	测试标准
物理性能		
密度/(g/cm^3)	1.7	ASTM D792
力学性能		
拉伸强度/MPa	45	ASTM D638
断裂伸长率/%	300	ASTM D638
弯曲模量/GPa	1.2	ASTM D790
缺口冲击强度/(kJ/m^2)	无法破坏	ASTM D256
电性能		
体积电阻率/Ω·m	1×10^{15}	ASTM D257
介电常数(25℃,1MHz)	2.5~2.6	ASTM D150
介电损耗(25℃,1MHz)	0.008	ASTM D150
介电强度/(kV/mm)	70	ASTM D149
热性能		
熔点/℃	255~280	ASTM D3418

（5）PCTFE 的性能

① 物理性能　PCTFE 为结晶性高分子材料，是乳白色半透明固体，薄膜状态时表现为透明状，密度与其它氟塑料相近，吸水率极小，几乎为零。

② 力学性能　与 PTFE 相比，PCTFE 的强度和弹性模量较高，压缩强度明显优于 PTFE。PCTFE 的力学性能随结晶度的不同而有所变化，高结晶度的 PCTFE 透明度较差，但具有较高的强度、硬度和弹性模量，较低的伸长率，极强的抗液体和气体的渗透能力。低结晶度 PCTFE 透明性好，伸长率和冲击强度较高。

③ 热性能　PCTFE 熔融温度约为 210℃，分解温度为 300℃左右。PCTFE 耐低温性能优异，可在 −195℃ 的低温介质中工作。此外，PCTFE 的线膨胀系数较低，制品尺寸稳定性好。

PCTFE 的阻燃性优异，具有自熄性，其极限氧指数高达 95%。

④ 电性能　PCTFE 由于分子链上同一个碳原子连接有不同的氟原子和氯原子而呈弱极性，介电常数和介电损耗角正切随电场频率的增大而增大，因而限制了其在高频下的应用。PCTFE 不吸湿，电性能不随环境湿度的变化而发生变化，但体积电阻率随温度的增高而有所降低。

⑤ 耐环境性能　PCTFE 的化学稳定性比 PTFE 稍差，对强酸、强碱、强氧化剂、混合酸等都能表现出很强的抵抗性，但在熔融的碱金属，高温下的氯磺酸，高温高压下的氨或氯气中能被腐蚀。常温下 PCTFE 几乎稳定存在于所有的有机溶剂中，但高温下在四氯化碳、苯、甲苯、二甲苯、环己烷、环己酮等有机溶剂中会发生溶解或溶胀。

PCTFE 具有最低的水-气渗透性，不渗透任何气体，是一种良好的屏障高分子材料。PCTFE 吸水率极低，即使在水下也能保持良好的尺寸稳定性和电绝缘性。

此外，PCTFE 还具有优良的耐辐射性能。

⑥ 加工性能　PCTFE 在熔融状态下属非牛顿型流体，随着剪切速率的增加，其表观黏度下降，能用一般热塑性高分子材料的成型方法进行加工。PCTFE 加热到熔点以上时虽可呈现黏流态，但熔体黏度较高（230℃时达 $0.5 \sim 5 \times 10^6 \, Pa \cdot s$），获得加工适宜黏度的温度范围为 250～300℃，但其加工温度与分解温度比较接近，成型温度范围狭窄，加工困难，故必须严格控制成型温度和受热时间，防止分解。

PCTFE 的热导率小且传热慢，故成型加工时要注意升温和冷却速率。

表 4.7 列出了 PCTFE（牌号：Daikin™，PCTFE M-300H）的主要性能参数。

表 4.7　PCTFE 性能（牌号：Daikin™，PCTFE M-300H）

项目	数值	测试标准
物理性能		
密度/(g/cm³)	2.13	ASTM D792
力学性能		
拉伸强度/MPa	47.4	ASTM D1708
断裂伸长率/%	189	ASTM D1708
弯曲模量/GPa	1.2	ASTM D790
热性能		
玻璃化转变温度/℃	42～58	ASTM D4005
熔点/℃	212	ASTM D3418

（6）PVDF 的性能

① 物理性能　PVDF 为结晶性高分子材料，是白色粉末状固体，密度与 E/

TFE 相近，吸水率一般在 0.04%～0.06%。

② 力学性能　PVDF 的强度高于 PTFE，并具有优良的抗压性能和耐蠕变性。

③ 热性能　PVDF 的熔点较低，约为 160℃，热变形温度在 150℃左右，长期连续使用温度范围−70～150℃，热分解温度在 316℃以上。

④ 电性能　PVDF 具有较大的极性，电性能受晶体结构和结晶度的影响，介电常数很高，介电损耗角正切值较大。PVDF 的体积电阻率相对其他氟塑料更低。

PVDF 与 PTFE 一样，具有极低的吸水性，因此在湿度高的环境下介电性能没有明显下降。

⑤ 耐环境性能　PVDF 的耐化学药品性不及 PTFE 和 PCTFE，对无机酸和碱具有优良的抵抗性，但对有机酸和有机溶剂的抵抗性则较差。在室温到 100℃区间内，PVDF 能够溶解或溶胀于二甲基亚砜、丙酮、丁酮、戊二酮、环己酮、乙酸、乙酸甲酯、丙烯酸甲酯、碳酸二乙酯、二甲基甲酰胺、六甲基磷酰三胺、环氧乙烷、四氢呋喃、二氧杂环己烷等溶剂中。

PVDF 的耐辐射性能优于 PTFE，在波长为 200～400nm 的紫外线照射一年后性能基本不变，在经受辐射剂量为 10^7Gy 以下的 γ 射线照射时，力学性能反而有所提高，这是因为在 γ 射线作用下，PVDF 分子间会产生一定程度的交联。

⑥ 加工性能　PVDF 的熔点与分解温度相差 130℃以上，故热稳定性较好。其熔体具有非牛顿流体的流动性质，而且其流动特性受到处于熔融状态时间长短的影响，时间越长，熔体黏度越大。

PVDF 一般可采用模压、注射、挤出和涂覆等方法成型。

表 4.8 列出了 PVDF（牌号：Solvay，Solef® 11010）的主要性能参数。

表 4.8　PVDF 性能（牌号：Solvay，Solef® 11010）

项目	数值	测试标准
物理性能		
密度/(g/cm³)	1.75～1.80	ASTM D792
力学性能		
拉伸强度/MPa	22～40	ASTM D638
拉伸模量/GPa	0.8～1.2	ASTM D638
断裂伸长率/%	200～600	ASTM D638
缺口冲击强度/(J/m²)	150～250	ASTM D6110
电性能		
表面电阻率/Ω	$1×10^{14}$	ASTM D257

项目	数值	测试标准
体积电阻率/Ω·m	$1×10^{12}$	ASTM D257
介电常数(25℃,1MHz)	7~10	ASTM D150
介电损耗(25℃,1GHz)	0.20	ASTM D150
介电强度/(kV/mm)	20~25	ASTM D149
热性能		
玻璃化转变温度/℃	−35	ASTM D4005
熔点/℃	158~162	ASTM D3418

4.1.5 应用

氟塑料的应用面十分广泛，主要的适用范围如表4.9所示。

表4.9 氟塑料的应用范围

应用领域	具体制件
通用材料	各种棒、管、板膜、垫片、绳等
密封类	静密封:夹层垫片,弹性密封带 动密封:V型密封体(用于轴,活塞杆,阀门),涡轮泵内密封件等
防腐类	管道及配件:纯聚四氟乙烯管,聚四氟乙烯内衬管等 化学容器内衬:聚四氟乙烯内衬釜,聚四氟乙烯内衬槽 热交换器、过滤材料,阀门及泵的主要部件
承载类	填充聚四氟乙烯轴承,用于食品化工造纸、纺织机械 填充聚四氟乙烯导向环,机床导轨和桥梁滑块 聚四氟乙烯纤维轴承,内衬聚四氟乙烯织物或外表面浸渍PTFE的轴承
绝缘类	电线电缆的C级绝缘材料 高频、超高频通信设备和雷达的微波绝缘材料 空调、电阻炉、各种加热器的绝缘材料
润滑类	防粘涂层,用于电熨斗托底、复印机夹辊、冷冻食品储存托盘等,各种塑料袋装封口的热合套防粘材料,无油润滑剂等
耐高温类	微波炉的驱动传动装置,如联轴器、滚轮 各种制冷机、空调、压缩机的耐温配件
医用材料	替代人体动脉,静脉血管,心脏膜,医用内窥镜,气管等 其它管、瓶、滤布等医疗器材

（1） PTFE 的应用

在民用领域，PTFE 材料以其卓越的耐腐蚀性能，逐渐成为石油、化工、纺织等行业的主要耐腐蚀材料。PTFE 具有优越的非黏附性、自润滑性和特别低的摩擦系数，且具有耐高温、抗酸抗碱抗氧化剂性能以及非常低的表面张力，使其在不粘锅中得到最广泛的应用。

PTFE 的表面能低，疏水性强，因此不易被水润湿。将 PTFE 制成微孔薄膜，液态水无法透过薄膜但水蒸气可以通过，将其与织物复合可以赋予面料防水又透气的性能，常被制成消防服、宇航服、医用手术服、军用作战服、睡袋、轻便帐篷等。此外，PTFE 的生物相容性良好，非常适合作人造皮肤、脏器修补材料和整形外科材料。PTFE 在民用领域的应用如图 4.4 所示。

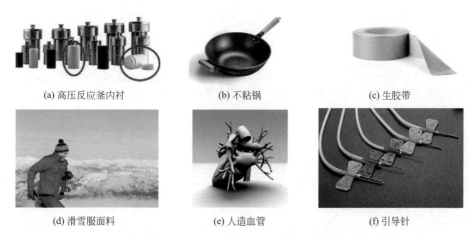

(a) 高压反应釜内衬   (b) 不粘锅   (c) 生胶带

(d) 滑雪服面料   (e) 人造血管   (f) 引导针

图 4.4　PTFE 在民用领域的应用

近年来电子产品的微型化发展趋势加快，性能要求不断提高。其中 PTFE 主要用于柔软性要求高或绝缘外径小于 0.3mm 的极细同轴电缆，绝缘形式多为实心结构。一些尺寸相对较大的电缆也采用 PTFE 薄膜绕包，然后通过高温烧结而形成绝缘层。利用 PTFE 制得的同轴线缆绝缘材料具有极好的耐热性和耐低温性能，电气性能优良，具有良好的力学性能、阻燃性、耐候性和化学稳定性。目前主要有聚四氟乙烯实心电缆绝缘、聚四氟乙烯绕包电缆绝缘、聚四氟乙烯薄膜绕包电缆绝缘、整体微孔聚四氟乙烯电缆绝缘等形式。

含氟塑料是非常优良的电线电缆绝缘材料，到目前为止，在航空航天线缆中占有十分重要的地位。PTFE 在航天领域的一个重要应用就是 PTFE 压力软管，主要用于高温下腐蚀性气体、液体或化学药品的输送，管外经钢丝编织或缠绕增强后可在高压下传递液体介质作为液压传动不可缺少的部件。经不锈钢丝增强的 PTFE 液压软管可在 −80~260℃ 下使用，最高可承受 56MPa 的内压，常用于飞机的燃油输送和液压传递软管。由于它能够耐过氧化氢和液氢，因此也用于火箭、导弹上，具有重量轻、易弯曲、耐振动、耐高低温、耐腐蚀等优点。PTFE

在高端领域的应用如图 4.5 所示。

(a) 软管   (b) 线缆保护膜

图 4.5　PTFE 在高端领域的应用

（2）PFA 的应用

PFA 用途十分广泛，可做涂料、塑料、纤维和薄膜。

PFA 涂料的耐腐蚀性能十分优异，且加工性能好，可用于化工设备上使用的防腐涂层，如化工反应釜、换热器、管道、阀门等的衬里等；半导体用高纯化学品的处理和储存用途器具的涂覆。除了化工防腐外，由于 PFA 制作涂层的表面光洁度高、耐热温度高、渗透率低、摩擦系数低、耐腐蚀性好，还可以作为烤箱、厨具以及工业用途的不粘涂层。

PFA 塑料现在已广泛地用于特种环境下使用的电线电缆、高频连接线的包皮材料；化工设备的部件如阀门、填料等注塑件；电子工业用超纯化学品的输送管道、储存容器。

PFA 可以熔融纺丝和铸片拉伸制成纤维和薄膜，以此为原料织成的纤维布可以用于耐高温、耐腐蚀、阻燃等场合，薄膜可以用于电工绝缘、阻隔膜以及太阳能等众多行业。

（3）FEP 的应用

FEP 可制成膜、板、棒或纤维等，主要用途是制作管、滑雪设备的内衬、滚筒的面层和各种电线电缆，如飞机挂钩线、增压电缆、报警电缆、油井测井电缆等。FEP 膜已被用作太阳能收集器的薄涂层。

（4）E/TFE 的应用

E/TFE 可通过挤出、吹塑和注塑的方法加工成各种薄膜、管材和片材等制品，也可以采用粉末涂装的方法生产涂层制品。由于其优良的性能，E/TFE 被广泛地运用于建筑建材、化工、电气电缆、光伏和农业生产等领域。

E/TFE 膜可用于建筑行业。E/TFE 膜具有轻质透明、力学性能优异、特有的自洁性以及优异的抗老化性等特点。E/TFE 良好的延展性能使得膜结构多样化发展，可制成任何的尺寸和形状，满足建筑结构之间跨度大的需求，节约了中间支承结构。同时 E/TFE 膜具有很好的耐蚀性，在各种大气环境下都可使用。2008 年北京奥运会国家奥林匹克游泳馆"水立方"，是我国第一个采用 E/TFE 膜材料作为立面维护体系的建筑。此后 E/TFE 在国内建筑领域开始被大范围应用，比如广州南站火车站、常州花博会、大连体育场等均采用的是 E/TFE 膜。

E/TFE 由于具有耐辐照、不粘性等优点，因此是优良的电线电缆绝缘材料，在航空航天线缆中占有重要地位。E/TFE 在光伏领域中也有重要的应用。E/TFE 薄膜透光率高于一般的玻璃，可达 95％左右。E/TFE 薄膜作为电池保护层，在挠性可弯曲太阳能电池中具有独一无二的作用。E/TFE 是良好的电介质材料，绝缘强度高，电阻率高，耗散因数低。其低介电常数在频率和温度变化的情况下基本恒定。E/TFE 对大多数化学物质的物理属性影响小，对普通气体和水气的渗透性低。E/TFE 能满足航空航天业线缆重量轻、洁净度高、柔软、无毒、力学性能优异、高导电性能、稳定性高等要求。目前，卫星上已经使用了 E/TFE 绝缘电线。E/TFE 终端用户包括了美国空军海军、波音飞机以及 Huges、Grumman 等公司。E/TFE 由于很好地继承了 PTFE 优异的耐化学和腐蚀性能，同时其对金属的附着性能很好，膨胀系数也比较接近碳钢，可熔融加工，E/TFE 粉末喷涂料广泛应用于反应釜、管道、阀门以及其他一些耐腐蚀工件上。

（5）PCTFE 的应用

薄膜是 PCTFE 最主要的产品，可用于场致发光电子原件、电气电子组件、医疗药剂等的包装薄膜。特别的，PCTFE 膜是分离铀 235 的腐蚀气体的专用隔离膜。PCTFE 适于作耐腐蚀、耐压力的密封材料，电气绝缘材料以及接触强腐蚀介质的观测窗口材料等，是原子能工业发展初期的重要耐腐蚀材料之一，可用于制备如耐腐蚀电子器件的绝缘组件，精密电子仪器封装材料，液氧和液氮储罐的容器和密封材料，耐化学腐蚀的阀门、板材、垫圈和衬垫以及医疗器械。PCTFE 化学稳定性高、润滑性能优异，特别适用于高温或腐蚀性、氧化性强的环境下的润滑材料，PCTFE 的低聚物也被称为氟氯油，适用于压力传递液、阻尼液、加速度计减震液、惯性导航系统的陀螺仪浮液。

（6）PVDF 的应用

相比于聚烯烃隔膜材料，PVDF 隔膜材料机械强度大、倍率性能高及热稳定性优异，同时还具有循环稳定性强以及工作寿命长等优势，成为了近年来锂离子电池隔膜材料的主要研究对象。PVDF 也可以用作锂电池内的电极粘接材料。

PVDF 具有良好的压电性能，是制作柔性传感器的重要材料。薄膜式 PVDF 传感器，广泛应用于新能源、电子电气、生物医学、土木和机械，以及航空航天等领域。此外，将 PVDF 与其他材料通过静电纺丝、熔融纺丝等新型纺丝技术制备出多组分纤维，并添加石墨烯等高介电性材料改进其电学性能，可制备出既具有纺织材料的柔性又具有良好电学性能的新型纤维基 PVDF 传感器。

4.2 聚砜

聚砜类高分子材料为主链上含有砜基和苯环的特种高分子材料，按其结构主要分为三种类型：双酚 A 型聚砜（polysulfone，PSF），聚醚砜（polyethersulfone，PESF）和聚芳砜（polyarylsulfone，PASF），主要的聚砜种类如表 4.10 所示。

表 4.10　聚砜的名称及结构

名称	简称	结构式
聚砜	PSF	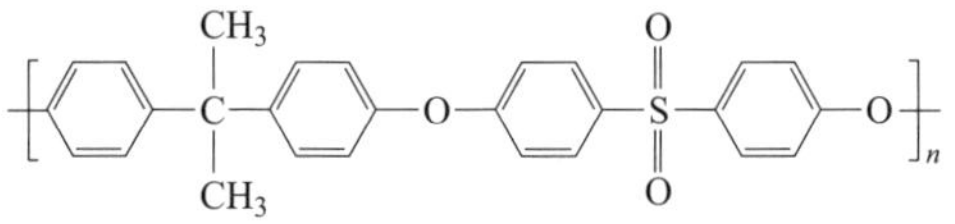
聚醚砜	PESF	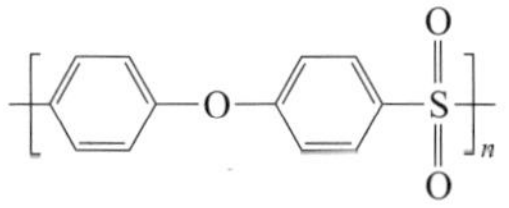
聚芳砜	PASF	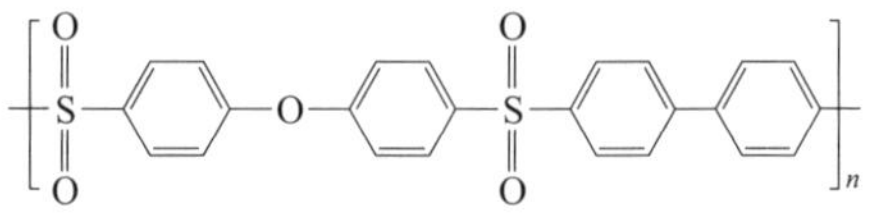

4.2.1 概述

1965 年，美国 Union Carbide 公司以 4,4′-二氯二苯砜与双酚 A 为原料通过 Farnham 亲核反应聚合研制出 PSF，并以商品名 Udel® 投放市场。1967 年，美国 3M 公司成功以 4,4′-二碳酰二氯二苯醚与联苯为原料通过 Friedel-Crafts 聚合反应研制出 PASF，并以商品名 Astrel 360® 投放市场。1972 年，英国 ICI 公司以 4,4′-二氯二苯砜与双酚 S 为原料通过亲核取代反应研制出 PESF，以商品名 Victrex® 投放市场。

4.2.2 合成

聚砜类高分子材料合成路线较多，主要的反应机理大致可分为亲电取代与亲核取代两类。合成反应包含聚醚化、聚硫醚化和聚酰胺化等，可以分别形成醚键、硫醚键、酰胺键、酯键或碳酸酯键，从而形成拥有不同特性的高聚物。本节通过 PSF，PESF 和 PASF 的合成展开介绍。

（1）PSF 的合成

PSF 最常用的合成方法是缩聚反应。

反应步骤分为两步，首先双酚 A 和氢氧化钠生成双酚 A 钠盐，接着双酚 A 钠盐与 4,4′-二氯二苯砜在二甲基亚砜溶剂中反应进行缩聚，生成 PSF。反应式如下。

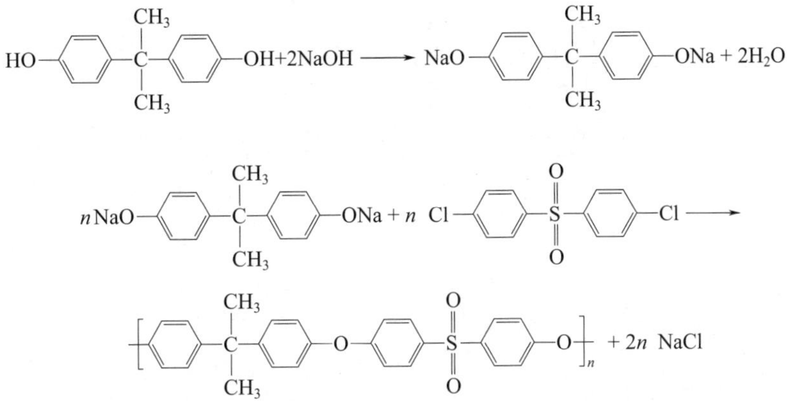

（2）PESF 的合成

PESF 由芳香二元卤代物与二元酚的碱金属盐缩聚而成，主要有如下三种合成方法。

① 脱氯化氢法　由 4,4-双磺酰氯二苯醚在无水三氯化铁催化下，通过傅氏反应与二苯醚缩合，形成高分子量聚苯醚砜。此法所用的溶剂有硝基苯、环丁砜和多氯联苯等，虽比较易于制得 PESF，但反应产物支化严重，加工性能差。反应式如下。

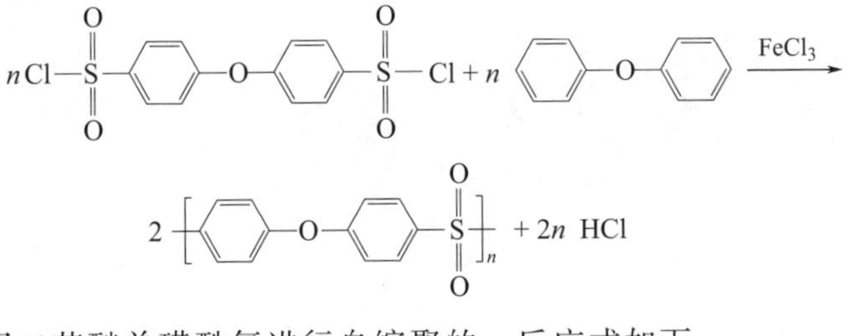

也有采用二苯醚单磺酰氯进行自缩聚的，反应式如下。

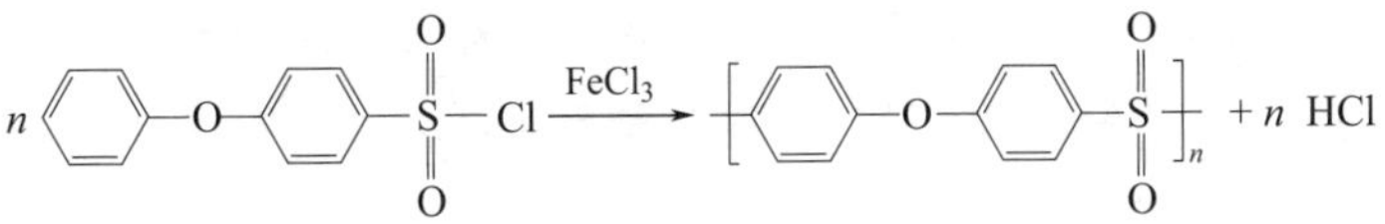

② 熔融脱盐法　由 4-氯-4′-酚盐二苯砜在真空中于 300℃左右进行熔融自缩聚制备 PESF。反应式如下。

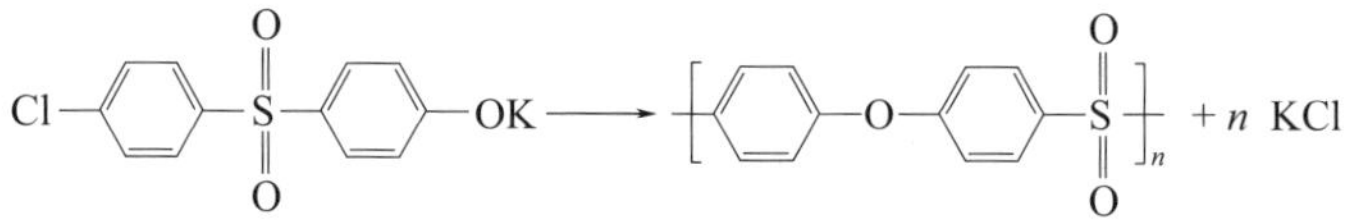

③ 溶液脱盐法　是将双酚 S（4,4′-二羟基二苯砜）溶于溶剂环丁砜中，在二甲苯存在条件下，于 130～150 ℃与碱进行成盐反应，生成双酚 S 盐。然后加入 4,4′-二氯二苯砜，于 220℃进行缩聚反应制备 PESF，反应式如下。

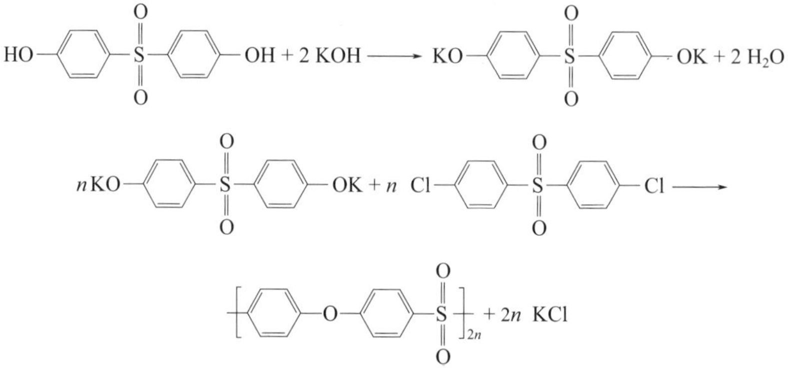

（3）PASF 的合成

PASF 是由二苯醚、联苯和砜基组成的芳香族聚砜，其大分子链中一般存在一定量的联苯结构。由于制备所采用的单体不同，合成方法也有一定差异，主要是以芳香双磺酰氯和联苯等为原料，在傅氏催化剂存在下经缩聚反应制得，反应式如下。

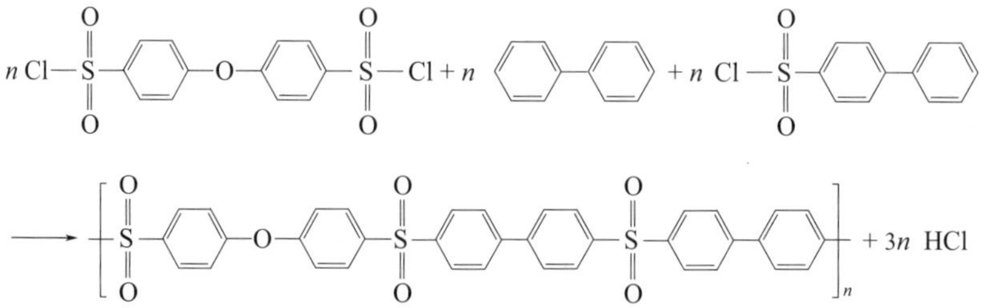

4.2.3　结构

聚砜类高分子材料同时含有砜基和苯环，砜基与两侧的苯环形成稳定的共轭结构，硫原子在高度共轭的状态下保持了最高氧化态，因而具有较高的热稳定性和透明性。聚砜类高分子材料均呈现非晶性，不同聚砜高分子结构的区别决定了其性能与应用的差异。

（1）PSF 分子结构

PSF 主链最突出的结构特点是含有二苯砜基。

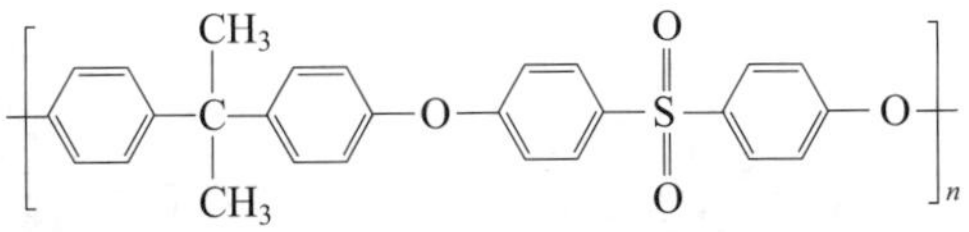

PSF 大分子结构对称，分子主链上含有砜基和芳香族官能团，主链的刚性成分占主导地位，不易结晶，为非结晶性高分子材料。二苯砜基上的硫原子能够吸引邻位苯环上的电子，使得 PSF 抗氧化性优异，还能与相邻的苯环产生共轭作用，使得原子固定在一个刚性空间构型上，这种结构能够吸收能量，提高稳定性，共轭结构以及二苯砜基高强度的化学键均有助于提高 PSF 的热稳定性。醚键和异亚丙基链节能赋予主链柔性，改善了 PSF 的熔融性能，使其更易加工。

（2）PESF 分子结构

PESF 的重复结构单元如下。

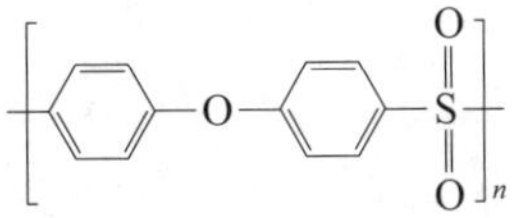

PESF 主链上含有大量醚键，能赋予主链柔性，使其拥有良好的韧性和流变性能。相对惰性的醚键和砜基使得 PESF 有良好的耐水解性以及耐酸碱等化学药品性能。PESF 具有砜类高分子材料共有的特征，即高度共振的二芳基砜基，这种结构赋予 PESF 高分子材料优良的热稳定性和耐热氧化特性。除此之外，芳香族主链结构进一步提高了 PESF 的热稳定性，使其可以在 400℃以上高温进行成型加工，且能在 150~190℃ 范围内长期使用。

PESF 的分子主链上同样具有刚性较大的砜基和芳香族官能团，为非结晶性高分子材料。PESF 的玻璃化转变温度为 218~225℃，较高的玻璃化转变温度可归功于主链上刚性的苯环和砜基。砜基的强相互偶极作用可以提高玻璃化转变温度，但相比于 PASF，其重复单元中醚含量是 PASF 的两倍，在一定程度上又降低了玻璃化转变温度和热变形温度。与 PSF 相比，PESF 在重复结构单元上的砜基多一倍，且没有 PSF 具有的柔性异亚丙基单元，这种结构上的差异导致 PESF 的玻璃化转变温度高于 PSF。

（3）PASF 分子结构

PASF 特有的结构特征是高度共振的二芳砜基，重复单元结构包括芳环砜、醚键和联苯基团，为非结晶性高分子材料，结构式如下。

PASF 主链以苯环为骨架且不含脂肪族的 C—C 键，砜基和醚键相连的结构赋予其优良的耐氧化性和热稳定性，柔性的醚键使相邻的链段可以旋转从而增加韧性，PASF 主链骨架上的苯环能提供刚性，赋予其高强度和高模量。主链上所有化学键均不易水解，使得这类高分子材料的耐湿及耐酸碱性能优异。

4.2.4 性能

（1）PSF

① 物理性能　PSF 为非结晶性高分子材料，是一种透明琥珀色或半透明象牙色的固体，密度为 $1.30g/cm^3$，是高性能热塑性高分子材料中最低的，吸水率约为 $0.2\%\sim0.7\%$。

② 力学性能　PSF 强度高，刚性大，断裂伸长率小，耐磨性好。PSF 的耐蠕变性能优异，在高温下也同样具有高的耐蠕变性和抗冲击性，但对缺口敏感。

③ 热性能　PSF 的耐热性好，热变形温度一般在 175℃ 以上，在 $-100\sim$ 150℃ 范围内可以保持优异的力学性能。PSF 难燃，离火后自熄，并有黄褐色烟出现，燃烧时熔融且带有橡胶焦味。

④ 电性能　PSF 在宽广的温度和频率范围内均具有良好的电性能，即使在水中或者玻璃化转变温度以下，仍能保持优良的介电性能。

⑤ 耐环境性能　PSF 的耐环境性能较好，耐无机酸碱和盐溶液性能良好，可用于设备的耐磨耐蚀衬里，但 PSF 在某些极性溶剂如酮类及卤代烃类的作用下会发生溶胀、溶解或开裂现象。PSF 可以长期耐沸水和蒸汽，不发生水解作用，但在高温及外界负荷作用下，水的存在能促进其发生应力开裂。此外，PSF 还具有良好的抗紫外线照射能力。

⑥ 加工性能　PSF 的熔体黏度较高，黏度与剪切速度关系不大，但对温度变化十分敏感，在成型加工时可以通过调整料筒与模具的温度来控制其流动性。

PSF 熔融流动过程中分子取向较低，容易获得均匀的制品，适合于加工挤出成型的异型制品。除此之外，PSF 可以采用注射等方法成型加工，但应采用长径比大的螺杆注射机，小的制品也可用活塞式注射机。

（2）PESF

① 物理特性　PESF 是非结晶性高分子材料，是一种琥珀色透明颗粒状固体，密度比 PSF 更大，为 $1.37g/cm^3$。PESF 的吸水率约为 0.5%。

② 力学性能　PESF 具有 PSF 的优点，且综合性能更加优异。PESF 在无缺口的条件下抗冲强度很强，但是若有缺口会受到较大影响，且缺口半径越小，抗冲击强度越低。

③ 热性能　PESF 的耐热性比 PSF 更好。PESF 的玻璃化转变温度、热变形温度以及热分解温度均高于 PSF，高温时其蠕变性及尺寸稳定性优良。PESF 难燃，极限氧指数为 38%，而且在强制燃烧时，发烟量也很少，不添加任何阻燃剂即有优异的难燃性。

④ 电性能　PESF 的电绝缘性良好，不受温度影响。PESF 的介电常数受频率影响较小，介电损耗在低频下随温度变化不大。

⑤ 耐环境性能　PESF 耐酸碱等无机药品及耐溶剂性能优良，还能够耐受汽油、机油、润滑油等油类和氟里昂等清洗剂，但能够溶于氯仿及丙酮等极性溶剂。此外，PESF 还具有优良的耐热水和蒸气性能。

PESF 对 X 射线、β 射线和 γ 射线都具有较强的抵抗性能。经过 2.5MGy 的 γ 射线照射后，其拉伸强度能够保持 85% 以上。

⑥ 加工性能　PESF 属于牛顿流体，熔体黏度受温度影响较大。与 PSF 相比，PESF 具有较低的熔体黏度和更好的熔融加工性，一般采用注射成型或者挤出成型方式进行加工，收缩率小，尺寸稳定性好。但 PESF 的吸水性比 PSF 大，因此，成型前的干燥过程十分重要。

（3）PASF

① 物理特性　PASF 是非结晶性高分子材料，为透明琥珀色固体，密度在聚砜类高分子中是最高的，吸水率约为 1.8%。

② 力学性能　PASF 具有较低的蠕变性能和较高的尺寸稳定性，强度大，模量高，韧性强，可以作为结构材料。

③ 热性能　PASF 的耐热性优良，玻璃化转变温度可达 290℃，热分解温度远高于 PSF。PASF 耐高低温性能优异，即使在 −240℃ 的低温下和 310℃ 的高温下，力学性能也十分优良，此外，耐热老化性能也非常突出。PASF 呈现难燃自熄性，氧指数超过 33%。

④ 电性能　PASF 具有突出的电绝缘性能，在超低温和高温均能保持良好的电绝缘性能。湿度的改变对 PASF 的介电性能影响不大。

⑤ 耐环境性能　PASF 化学稳定性好，耐酸碱及盐溶液性能良好，不受燃料油、烃油、硅油和氟里昂等的侵蚀，但会溶于某些极性溶剂，如二甲基甲酰胺和二甲基亚砜等。此外，PASF 耐水解，耐辐射性能优良，抗氧化性也十分突出。

⑥ 加工性能　PASF 具有高的熔融黏度，流动性差，且黏度对剪切力不敏

感，通常采用模压成型和流延成型。采用注射、挤出或压缩成型技术加工成型时对加工设备有特殊的要求，通常情况下，加工温度要求为 400～425℃，压力要求为 140～210MPa，模具温度要求为 230～280℃。

典型聚砜类高分子材料的主要性能参数如表 4.11 所示。

表 4.11　典型聚砜性能参数

项目	数值		测试标准
	PSF(牌号:Solvay, Radel® R-5100)	PESF(牌号:Solvay, Veradel® 3600)	
物理性能			
密度/(g/cm³)	1.30	1.37	ISO 1183
力学性能			
拉伸强度/MPa	76.4	90	ISO 527-2/1A
拉伸模量/GPa	2.37	2.7	ISO 527-2/1A
断裂伸长率/%	7.4	6.6	ISO 527-2/1A
弯曲强度/MPa	75	130	ISO 178
弯曲模量/GPa	2.34	2.75	ISO 178
缺口冲击强度/(kJ/m²)	56	6.0	ISO 179
热性能			
玻璃化转变温度/℃	220	220	ISO 11357-2
热变形温度(1.8MPa)/℃	207		ISO 75-2/A
热性能			
体积电阻率/Ω·m	9.0×10^{13}	1.7×10^{13}	ASTM D257
介电常数(25℃,1kHz)	3.40	3.50	ASTM D150
介电强度/(kV/mm)	14	15	ASTM D149
加工性能			
熔体流动速率/(g/10min)	17	75	ISO 1133

（4）改性聚砜类

为了进一步提高聚砜类高分子材料的性能，拓宽应用范围，改性聚砜类高分子材料应运而生，改性方向可分为合金化和纤维增强等。

① 聚砜类高分子材料合金　在未改性聚砜类高分子材料中共混各种高分子材料或共聚物而制得合金是改性的主要方法，近年来发展很快。这些合金品种主要有 PSF/ABS 合金，PSF/PET 或 PBT 合金，PSF/PMMA/ABS 合金，PSF/PA 合金，PSF/PC 合金，PSF/PPS 合金，PSF/弹性体合金，PESF/PTFE 合金和 PESF/弹性体合金等。

PSF/ABS 合金：PSF/ABS 合金是美国 Amoco 公司首先开发成功并已商品化的聚砜系合金之一，商品名称 Mindel A 系列。该合金具有较高耐热性和阻燃性，同时具有良好的冲击强度和耐应力开裂性，还具有可电镀性特点，即可以采用 ABS 高分子材料的电镀工艺进行电镀。PSF/ABS 合金熔体流动指数大，易加工成型，一般用注射成型加工。

PSF/PET，PSF/PBT 合金：非结晶性 PSF 弱点之一是容易发生溶剂龟裂，采用合金化技术与热塑性聚酯如 PET 或 PBT 等共混可改善这一缺点。PSF/PBT 合金由美国 Amoco 公司开发成功并商品化，商品名称 Mindel B 系列。其特点是兼具非结晶性高分子材料的低翘曲性和结晶性高分子材料的耐化学药品性。PSF/PBT 合金的力学性能和电性能与 30％玻璃纤维增强 PBT 相当，但其成型后的翘曲程度仅为 30％玻璃纤维增强 PBT 的 13％左右。对一般溶剂而言，它还展示了优良的耐应力开裂性。

PSF/PMMA/ABS 合金：Ucardel® P-4174 由美国 Union Carbide 公司开发成功，它是 PSF、聚甲基丙烯酸甲酯和丙烯腈-丁二烯-苯乙烯共聚物的共混物。这种合金与未改性的 PSF 相比，熔体流动性高 4 倍，可在 260～340℃的温度范围内成型加工，耐溶剂性能明显提高，而且成本下降。Ucardel P-4174 为白色不透明高分子材料，相对密度较小（1.20～1.22），具有优良的耐热水性和耐化学药品性。

PSF/PA 合金：为了改善 PSF 的耐应力开裂性能和流动性，可选用 PSF 与聚酰胺组成合金，但这两者是完全不互容的，且三元共混物的力学性能非常差，解决办法是用马来酸酐接枝 PSF，再与聚酰胺共混就能得到界面结合力强的共混物。

PSF/PC 合金：为了制备超韧性共混物，可采用 PSF、聚碳酸酯和聚丙烯酸酯橡胶进行共混制备。

PSF/PPS 合金：为了制备耐化学药品性能良好，容易加工和耐湿性好的合金，可选用 PSF 与聚苯硫醚组成合金。

PSF/弹性体合金：PSF 与乙烯-丙烯酸酯弹性体共混制得的合金，可显著提高 PSF 的抗冲击性能，但其刚性和耐热性则有所降低。

PESF/PTFE 合金：由 PESF 与聚四氟乙烯共混制得的高分子材料合金可显著提高 PESF 的润滑性能与耐摩擦磨损性能。日本住友化学工业公司开发成功并已商品化的 PES 2010F 和 PES 2020F，就是分别在 PESF 中共混 10％和 20％聚四氟乙烯的产物。

PESF/弹性体合金：PESF 与乙烯-丙烯酸酯弹性体共混制得的合金，可显著提高 PESF 的抗冲击性能，而其刚性和耐热性仅略有降低。

② 纤维增强改性　聚砜类高分子材料通过纤维增强，可在较大程度上提高其尺寸稳定性、强度、刚性、阻燃性、耐疲劳性和耐蠕变性。通过加入玻璃纤维（GF），可将聚砜类高分子材料的收缩率降到更低的程度，线膨胀系数下降，从而使聚砜类高分子材料制品的尺寸精度接近金属材料的水平。随着 GF 含量的增加，聚砜类高分子材料的拉伸强度和弯曲弹性模量都有较大幅度的提高。但加入 GF 会使聚砜类高分子材料的脆性增加，断裂伸长率大幅度降低。与未增强聚砜类高分子材料相比，GF 增强聚砜类高分子材料热变形温度及阻燃性均会有提升，电性能则变化不大。GF 增强聚砜类复合材料可采用注射或挤出等方法成型加工。

GF 增强 PESF 复合材料在宽广的温度范围内具有很高的拉伸强度和弯曲弹性模量，冲击强度没有明显提高，延伸率则有所下降，脆性增加，但与热固性高分子材料相比仍有更好的挠曲性。耐蠕变性能优异，并随玻璃纤维含量的增加而提高。

非结晶性高分子材料与结晶性高分子材料相比，耐磨性通常较差，但 PESF 经 GF 增强后，耐磨性得到很大提高，复合材料的磨损量仅为未增强情况下的十分之一左右，且比结晶性工程高分子材料尼龙 66 的磨损量还小。

PESF 的热变形温度为 200℃，长期使用温度为 180℃。30％玻璃纤维增强的 PESF 热变形温度可提高到 216℃，长期使用温度可达 200℃。聚砜类工程高分子材料具有优良的耐热水性和耐水蒸气性，GF 增强后材料的耐热水性和耐水蒸气性更为突出。

4.2.5　应用

聚砜类高分子材料适用于制造各种高强度、低蠕变和高尺寸稳定性的高温制件，因此被广泛用于机械制造、电子电器、医疗、建筑和交通等领域。除用作高性能结构件外，还可用于制备耐高温薄膜、胶黏剂、耐腐蚀涂料和功能膜等。聚砜类高分子材料的应用范围如表 4.12 所示。

表 4.12　聚砜类高分子材料的应用范围

应用领域	具体制件
通用材料	各种注塑制件
承载类	机械零件，如轴承、齿轮、阀门和壳体等
绝缘类	电器外壳、开关和接线柱等
透明类	防护面罩和高温容器观察窗等
耐高温类	耐热餐具和热水仪表等
食品/医用材料	炊具，餐具，血液、药品容器和医疗器械等

聚砜类高分子材料在高端领域的应用如图 4.6 所示。目前电子电器领域向小型、轻量和耐高温方向发展，促进了聚砜类高分子材料消费的增长。其中，电子电器行业是 PESF 应用最广泛的一个领域。在电机与电气设备上，PESF 可用于制造各种耐高温线圈支架、电器开关、接线柱、线圈绕线管、熔断器、接插件和高频继电器箱等。在电子设备和仪器仪表上，可制作印刷电路和集成电路板等。线圈绕线管要求较高的耐热性和耐化学药品性，以前大多采用热固性高分子材料制造，但热固性高分子材料脆性较大，且成型加工困难，所以目前已大量采用注射级 PESF 来代替，这不仅能保证强度、韧性和耐热性，而且可使制品的质量减轻，壁厚减薄。

图 4.6　PSF 在高端领域的应用：航天员头盔保护罩

机械制造领域，聚砜类高分子材料作为高强度和低蠕变的工程材料，与金属材料相比具有质轻、成本低和安全性高等优点，可代替铜和铝等金属材料应用在机械设备上，主要用作机械设备的零部件，如电动机罩、转向柱轴环、齿轮、泵体以及各种阀门等。利用聚砜类高分子材料良好的尺寸稳定性，可将其用于制造各种精密机械零部件如钟表的外壳和内装零件，复印机零件及照相机零件等。用 PESF 制造的热水测量表，广泛用于工厂热排水管道和暖气系统。它的最高使用温度可达 150℃，在较宽的温度范围内不仅尺寸精度稳定，收缩率低，线膨胀系数小，耐热水性优异，而且重量轻以及测量精确性高。PASF 用于制造汽车滚珠轴承保护架，齿轮、窗框和飞机热空气导管等结构件。

聚砜类高分子材料的透明性、高强度、耐化学药品性、优良的耐水分解性、耐湿热性、尺寸稳定性和食品安全性等特点，使其在医药及食品等领域行业应用广泛。采用 PSF 制造的医疗器材有防毒面具、手动人口呼吸器、鼻用吸入器、灭菌器皿、齿科用器械、内视镜零件、人工心脏瓣膜和手动人口呼吸器等。食品行业中，PSF 被大量用来制造食品业机械零部件（如炊具、传送设备零件以及肉类加工机械零部件）、高频电子食品加热器、照明器材和咖啡壶等。PSF 还被用于制造过滤器、流量计外壳、阀门及水管接头等。聚砜类高分子材料在民用领域的各类应用如图 4.7 所示。

(a) 耐腐蚀转子流量计　　　　(b) 净水过滤膜　　　　(c) 婴儿奶瓶瓶身

图 4.7　PSF 在民用领域的应用

聚砜类高分子材料可以通过纤维增强在较大程度上提高其尺寸稳定性、强度、刚性、阻燃性、耐疲劳性和耐蠕变性，但加入 GF 会使聚砜类高分子材料的脆性增加，断裂伸长率大幅度降低。与未增强聚砜类高分子材料相比，GF 增强聚砜类高分子材料的热变形温度、阻燃性、耐热水性、耐水蒸气性均会有所提升，电性能则变化不大。GF 增强聚砜类复合材料可采用注射或挤出等方法成型加工。此外，PESF 经 GF 增强后，耐磨性得到很大提高。

4.3　聚苯硫醚

聚苯硫醚（polyphenylene sulphide，PPS）的分子主链由苯环和硫原子交替排列构成，具有较大的刚性和规整性，是一种结晶性热塑性高分子材料。

4.3.1　概述

1959 年，美国 Dow 公司用对卤代苯硫酚的金属盐在氮气及吡啶存在下进行自缩聚首次制得 PPS。1967 年，美国飞利浦石油（Phillips Petroleum）公司用对二氯苯和硫化钠为原料在极性有机溶剂 N-甲基吡咯烷酮（NMP）中进行缩聚反应制备 PPS，于 1971 年实现商品化生产，并以商品名 Ryton® 投放市场。20 世纪 80 年代，美国和日本多家公司成立 PPS 生产线，PPS 迎来了快速发展。近年来，除作为塑料材料使用外，使用玻璃纤维及碳纤维增强的 PPS 基复合材料因其出色的力学特性在工业生产及航空航天领域得到广泛应用。

4.3.2 合成

PPS 的合成目前主要有亲电取代法、亲核取代法、无溶剂缩聚法以及溶液缩聚法等四种。

① 亲电取代法 在三氯化铝催化剂或无催化剂的条件下，硫与苯直接进行亲电取代反应，该反应的活性较弱，导致 PPS 的收率较低（50%～80%）。其反应式如下。

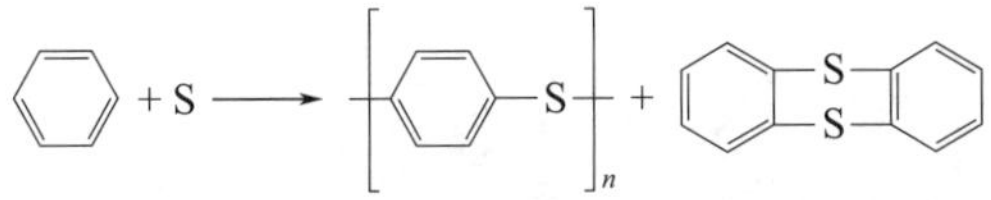

② 亲核取代法 所用的单体有卤代苯硫酚、卤代萘硫酚、卤代甲基苯硫酚、卤代多次苯基硫酚的碱金属盐，以及这些盐被烷基或芳环取代基取代后的衍生物等。其反应机理为亲核取代，反应式如下。

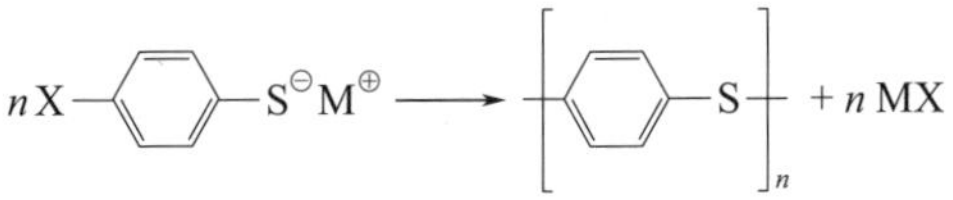

式中，M 为 Cu，Li，Na，K；X 为 F，Cl，Br，I。

③ 无溶剂缩聚法 是在无溶剂存在的条件下，芳卤化物与无机单硫或多硫化物进行的缩聚反应方法，反应式如下。

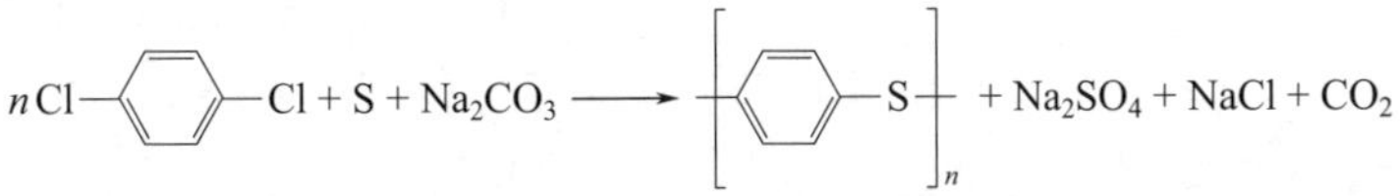

④ 溶液缩聚法 是以等摩尔的对二氯苯和硫化钠或硫氢化钠在 N-甲基吡咯烷酮（NMP）或六甲基磷酰胺等强极性有机溶剂中，通氮气保护，在 170～350℃，6.87MPa 压力下进行溶液缩聚，反应式如下。

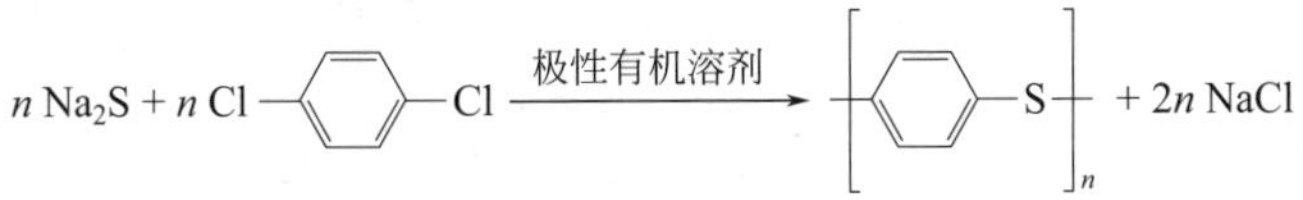

4.3.3 结构

PPS的分子链是由苯环与对位硫原子交替排列连接起来的刚性结构，主链所含特征化学键和官能团为硫醚键和苯环，结构式如下。

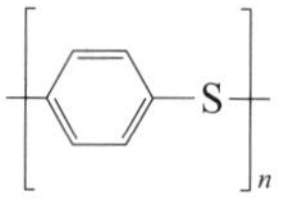

$$\left[\underset{}{\bigcirc} - S \right]_n$$

PPS具有简单的重复单元结构，主链中的刚性苯环赋予了其优秀的高温力学性能和尺寸稳定性，硫醚键的存在又使其有一定柔顺性。

PPS具有较强的结晶能力和较高的结晶度，呈现半结晶性，晶胞参数如表4.13所示。线型PPS的最大结晶度可达70%，而经过拉伸和退火处理的PPS纤维最大结晶度可达80%。熔体结晶过程中，从接近薄膜表面处开始成核，微纤状晶束以晶核为圆心呈螺旋式生长，由最初几微米的碟状，进一步沿放射状生长成为球状晶体。

表 4.13　PPS 的晶胞参数

晶体种类	基本晶系	晶胞轴/nm		轴间角	
PPS	正交晶系	a	0.867	α	90°
		b	0.561	β	90°
		c	1.026	γ	90°

4.3.4 性能

① 物理性能　PPS是结晶性高分子材料，一般为白色或浅黄色的粉末或颗粒，受热后颜色变深。PPS的密度约为$1.34g/cm^3$，吸水率为0.02%。

② 力学性能　PPS的结晶度很高，高结晶度使其强度提升，拉伸强度和拉伸模量均高于PSF，断裂伸长率也高于PSF。通常采用玻璃纤维或其它无机填料增强填充改性PPS，使其力学性能进一步提高。

③ 热性能　PPS的玻璃化转变温度、热变形温度、热分解温度均低于PSF，在玻璃纤维增强改性后热变形温度大幅度提高，可达260℃，长期使用温度可达170~200℃。PPS的极限氧指数为45%，属于阻燃型高分子材料。

④ 电性能　PPS的介电常数与PSF相近，电性能随温度和湿度的变化都比较小。

⑤ 耐环境性能　PPS的耐腐蚀性与PTFE相近，除浓硝酸、浓硫酸、过氧

化氢及次氯酸钠等氧化性酸和氧化剂外，几乎耐所有的酸、碱和盐，在 200℃ 以下不溶于任何有机溶剂。

PPS 的耐辐射性能十分优良，即使在较强的 γ 射线或中子射线照射下也不会发生分解现象。

⑥ 加工性能　PPS 是典型的非牛顿假塑性流体，表观黏度对剪切速率依存性大。PPS 具有较高的加工温度和熔体黏度，随着热处理时间的延长，熔融指数下降，熔体黏度上升。PPS 通常在 290～400℃ 的温度范围内进行熔融成型加工，可以采用压制成型、喷涂成型以及挤出包覆成型等加工方式，流变曲线如图 4.8 所示。

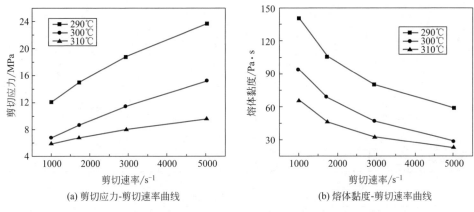

(a) 剪切应力-剪切速率曲线　　　　(b) 熔体黏度-剪切速率曲线

图 4.8　PPS（牌号：Solvay，QA200N）的流变性能曲线

为了减少由取向及收缩不均造成的内应力，可以对 PPS 制品进行退火处理。退火处理可促进 PPS 的结晶和消除内应力，使制品尺寸保持稳定。

PPS 与高性能纤维（如碳纤维、玻璃纤维）进行复合制备的纤维增强 PPS 基复合材料表现出优良的力学性能、热性能、耐腐蚀和耐辐射性能。表 4.14 为 PPS（牌号：TORAY，Torelina^{TM} A900）的主要性能数据，表 4.15 和表 4.16 分别为短切玻璃纤维增强 PPS 基复合材料（牌号：Solvay，Ryton$^{®}$ R-4）和碳纤维增强 PPS 基复合材料（牌号：Celanese，Celstran$^{®}$ PPS-CF40-01）的典型性能。

表 4.14　PPS 性能（牌号：TORAY，Torelina^{TM} A900）

项目	数值	测试标准
物理性能		
密度/(g/cm^3)	1.34	ISO 1183
力学性能		
拉伸强度/MPa	85	ISO 527

项目	数值	测试标准
断裂伸长率/%	12	ISO 527-2/1A
弯曲强度/MPa	135	ISO 178
弯曲模量/GPa	3.8	ISO 178
缺口冲击强度/(kJ/m^2)	4.0	ISO 179
电性能		
体积电阻率/Ω·m	10^{14}	IEC 60093
表面电阻率/Ω	10^{16}	IEC 60093
介电强度/(kV/mm)	30	IEC 60243-1
介电常数(23℃,1MHz)	3.5	IEC 60250
介电损耗(23℃,1MHz)	0.001	IEC 60250
热性能		
玻璃化转变温度/℃	90	ISO 11357-2
熔点/℃	278	ISO 11357
热变形温度(1.8MPa)/℃	105	ISO 75-2/A
加工性能		
熔体流动速率(380℃/5kgf)/(g/10min)	100	ISO 1133

表 4.15　40%玻璃纤维增强 PPS 性能（牌号：Solvay，Ryton® R-4）

项目	数值	测试标准
物理性能		
密度/(g/cm^3)	1.69	ISO 1183
力学性能		
拉伸强度/MPa	159	ISO 527
断裂伸长率/%	1.1	ISO 527
弯曲强度/MPa	221	ISO 178
弯曲模量/GPa	14	ISO 178
缺口冲击强度/(kJ/m^2)	9.0	ISO 179
电性能		
表面电阻率(23℃)/Ω	10^{16}	ASTM D257
体积电阻率(23℃)/Ω·m	10^{14}	ASTM D4496
介电常数(25℃,1kHz)	3.9	ASTM D150
介电损耗(25℃,1kHz)	0.002	ASTM D150
热性能		

项目	数值	测试标准
玻璃化转变温度/℃	90	ISO 11357
熔点/℃	283	ISO 11357
热变形温度(1.8MPa)/℃	265	ISO 75

表 4.16 40％碳纤维增强 PPS 性能表（牌号：Celanese，Celstran® PPS-CF40-01)

项目	数值	测试标准
物理性能		
密度/(g/cm³)	1.49	ASTM D792
力学性能		
拉伸强度/MPa	185	ISO 527
拉伸模量/GPa	37.28	ISO 527
断裂伸长率/％	0.57	ISO 527
弯曲强度/MPa	343	ISO 178
弯曲模量/GPa	34.9	ISO 178
缺口冲击强度/(kJ/m²)	16.5	ISO 179

4.3.5 应用

自 1971 年实现商品化生产之后，PPS 逐渐得到广泛的应用，其优良的热稳定性、阻燃性、耐化学腐蚀性，在高温高湿环境下稳定的绝缘性和介电特性，以及较好的力学性能使其不但在航空航天等高新技术领域作为耐高温、高性能的非金属结构材料获得大量应用，而且在民用工业领域同样应用广泛。PPS 可用于制作涂层，纤维、薄膜和连续纤维增强复合材料，也可通过填料增强改性或与其它高分子材料共混改性实现应用。PPS 的应用范围如表 4.17 所示。

表 4.17 PPS 的应用范围

应用领域	具体制件
通用材料	各种注塑制件、板材等
承载类	航空器主次承力件(机翼前缘,翼肋,尾翼,隔框,舱门等),紧固件等各类机械零件
绝缘类	复印机,照相机,计算机零部件,纽扣电池绝缘密封,薄膜电容器等
耐蚀耐油类	化工阀门,管道,垫片,潜水泵,叶轮,喷油嘴,喷雾器等
耐高温类	航空器结构材料,吹风机喷嘴,电磁炉灶台,保险丝盒等
食品类	餐具等

PPS 具有优异的绝缘性、耐电弧性、耐化学药品性，在高温、高湿度情况下体积电阻系数变化非常小，介电常数随温度及频率的变化也很小，能够承受表面焊接电子元件的热冲击，是电子电气领域的优秀材料，常见的应用包括电刷、电刷托架、变压器开关、螺线管部件、高压接线柱、启动器线圈、屏蔽罩等部件。PPS 还应用于各种家用电器和办公电器，如电视机、复印机、传真机以及灯具部件。此外，高流动性 PPS 高分子材料还可以代替环氧高分子材料用于半导体集成电路和电容器的封装。PPS 薄膜则被广泛用作薄膜电容器。未来 PPS 还可能用于住宅电器系统的燃料电池。

在各种机械设备中，PPS 可用作各种精密或大型部件，如齿轮、轴承、支架、连接器、密封环、活塞环、密封垫片耐磨制件、高温密封制件、流量计、隔热板、滑轮、发动机分配器盖板及凸轮履带层、调节器零件、煤气管插头、打火机部件、液压煤气表部件等。PPS 可耐 200℃温度且能耐硫化氢气体的侵蚀，特别适合用于制作在高热和强腐蚀环境下油井深处的机械部件。PPS 在民用领域的各类应用如图 4.9 所示。

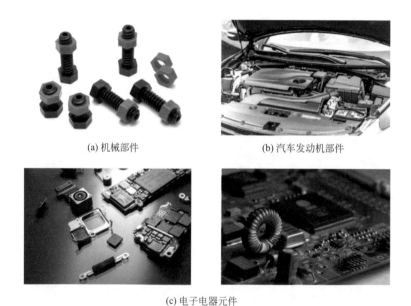

(a) 机械部件　　　　　　　　　(b) 汽车发动机部件

(c) 电子电器元件

图 4.9　PPS 在民用领域的应用

连续玻璃纤维增强 PPS 基热塑性复合材料在航空航天高新技术领域主要作为耐高温、高性能的结构材料应用。最初，该复合材料仅用于飞机的内饰、门、口盖等非承力件，现已逐步用于制作次承力和主承力结构，如飞机蒙皮、地板、水平尾翼和垂直尾翼，火箭尾翼，人造卫星内饰等部件。荷兰福克公司（Fokker）采用玻璃纤维增强 PPS 基复合材料取代金属铝生产机翼部件，与金属铝相比，该复合材料更轻，具有更高的抗冲击强度，并且耐燃料、液压油和除冰剂的化学腐蚀。美国菲利普石油公司用 PPS 基复合材料制作波音飞机的舱门，比金属舱门减重约 25%，费用比其它热塑性复合材料制作的舱门低约 67%。连续纤维增强 PPS 基复合材料还被用于制造 G650 型高端商务机水平尾翼和垂直尾翼，欧洲 A400M 大型运输机除冰面板和副翼肋，空客 A340-500 和 A340-600 系列机翼前缘机头的内侧材质，A380 的机翼前缘等。PPS 在高端领域的应用如图 4.10 所示。

(a) 水平尾翼　　　　　　　　(b) A400M运输机副翼肋

图 4.10　PPS 在高端领域的应用

4.4　聚芳醚酮

聚芳醚酮（polyaryletherketone，PAEK）是主链由亚苯基通过醚键和羰基连接而成的一类高分子材料。按分子链中醚键，酮基与苯环连接次序和比例的不同，可划分为不同的品种，如表 4.18 所示。目前，主要有聚醚醚酮（polyetheretherketone，PEEK）、聚醚酮（polyetherketone，PEK）、聚醚酮酮（polyetherketoneketone，PEKK）、聚醚酮醚酮酮（polyetherketoneetherketoneketone，PEKEKK）等。

表 4.18　PAEK 的名称及结构

名称	简称	结构式
聚醚醚酮	PEEK	$\left[O-\text{C}_6\text{H}_4-O-\text{C}_6\text{H}_4-\overset{\overset{\textstyle O}{\|}}{C}-\text{C}_6\text{H}_4\right]_n$
聚醚酮	PEK	$\left[O-\text{C}_6\text{H}_4-\overset{\overset{\textstyle O}{\|}}{C}-\text{C}_6\text{H}_4-O\right]_n$

名称	简称	结构式
聚醚酮酮	PEKK	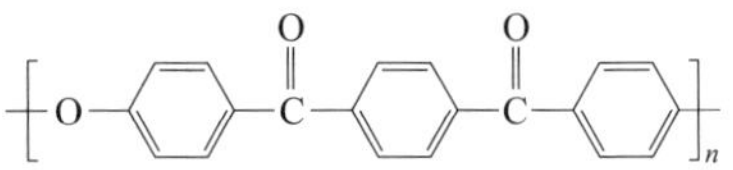
聚醚酮醚酮酮	PEKEKK	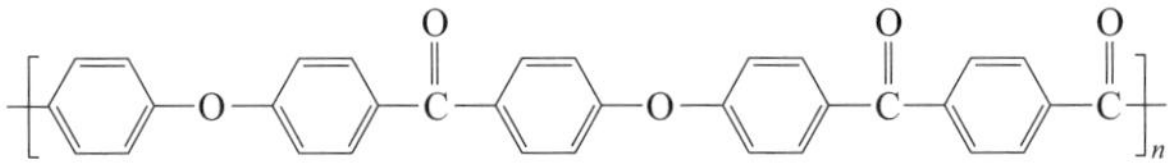

4.4.1　概述

PAEK 的研发工作开始于 20 世纪 60 年代。1962 年美国 DuPont 公司和 1964 年英国 ICI 公司分别报道了在 Friedel-Crafts 催化剂存在条件下，通过亲电取代反应制备 PAEK 的方法。PEEK 是 PAEK 中重要的一类高分子材料，由英国 ICI 公司在 1977 年研制成功，并于 1980 年开始商品化生产。近年来，除作为塑料材料使用外，使用玻璃纤维及碳纤维增强的 PEEK 基复合材料因其出色的力学特性在工业生产及航空航天领域得到广泛应用。

4.4.2　合成

（1）PEEK 的合成

PEEK 一般采用亲核反应路线合成，由 4,4'-二氟二苯甲酮与对苯二酚在二苯砜溶剂中，于氮气氛围中加热至 180℃，再加入等摩尔碱金属碳酸盐，于 280～340℃下进行缩聚反应获得淡黄色状固体，经粉碎过筛，并用丙酮、水、丙酮-甲醇溶液反复洗涤，除去二苯砜和无机盐，在真空 140℃干燥后，得相对黏度为 0.60 左右的聚醚醚酮，其反应式如下。

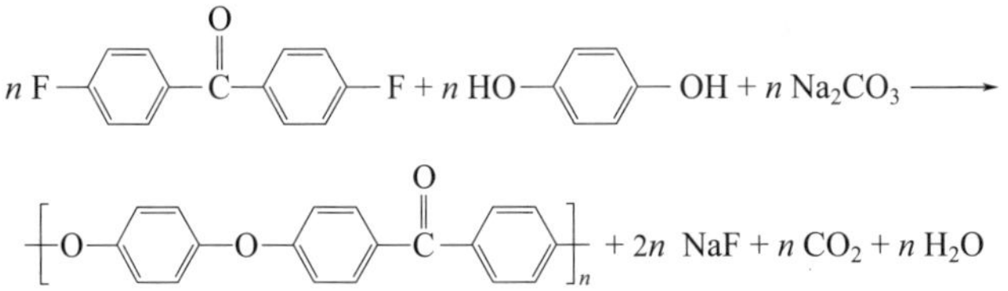

亲核反应路线的优点是聚合物的支化或交联等副反应比较容易控制，但反应条件苛刻，单体价格昂贵，成本高，这也是制约 PEEK 广泛应用的主要原因。

（2）其他 PAEK 材料的合成

通过改变分子主链上的醚酮基团比例可以合成出一系列新型 PAEK，制得性能更优的材料，如 PEK、PEKK 和 PEKEKK。

PEK 是由 4,4′-二氟二苯酮和 4,4′-二羟钾盐二苯甲酮通过缩聚反应制得，反应式如下。

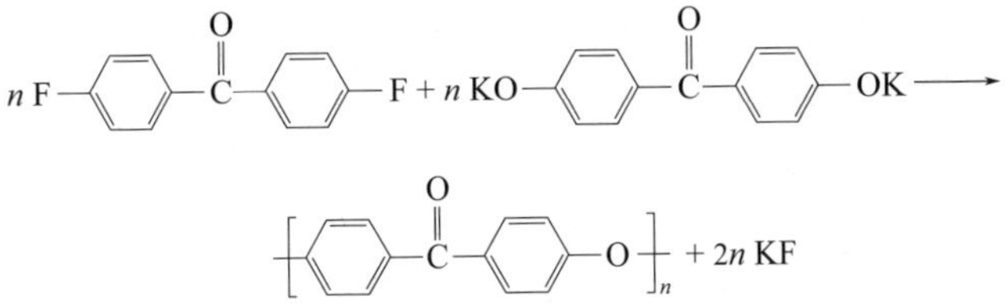

由于双酚单体和双卤单体价格昂贵，且产物需后处理净化，PEK 的制备成本相对较高。

PEKK 可以通过亲电取代反应，利用对苯二甲酰氯和二苯醚在氯化铝催化、低温的条件下合成，反应式如下。

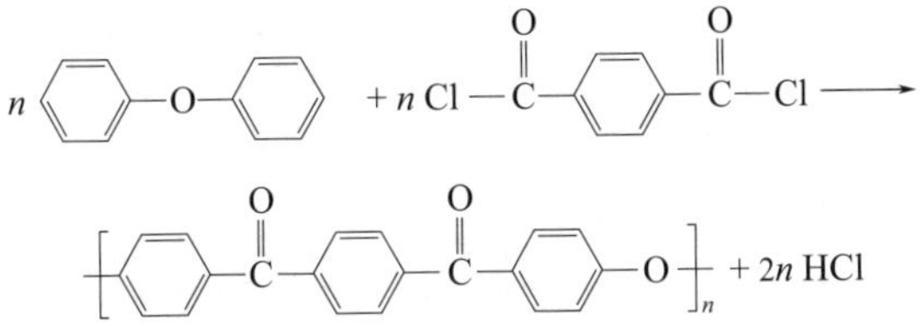

亲电反应路线的优点是条件温和，原料便宜，但存在聚合物支化或交联等副反应。因此，对于亲电反应路线，如何有效控制副反应，获得高分子量的聚合物，选择反应溶剂尤为重要。

PEKEKK 可以通过亲电反应，利用对苯二甲酰氯和 4,4′-二苯氧基二苯甲酮合成，反应式如下。

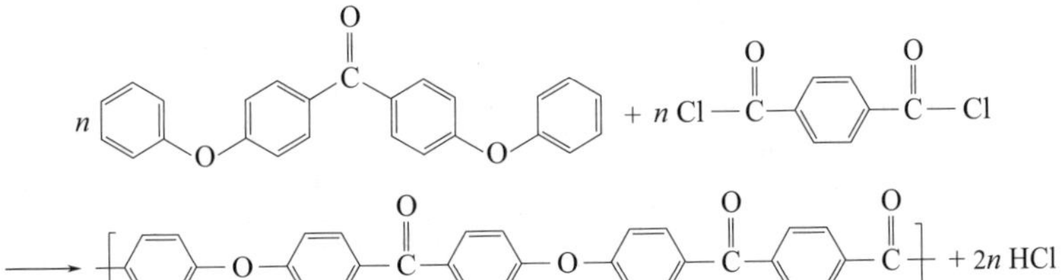

4.4.3 结构

（1）PEEK 的结构

PEEK 的分子链具有苯环与羰基和醚键交替排列的刚性结构，分子链中大量的苯环赋予了其优异的耐热性和刚性，而醚键又为其提供了柔韧性。PAEK 类聚合物中羰基和醚键比例对材料的性能有较大影响。随着羰基比例增加，大分子极性增加，分子间作用力增大，大分子活动能力降低，进而使材料耐热性提高，而醚键比例增加则会使大分子的柔性增加，耐热性降低。PEEK 分子链中羰基与醚键的比例为 1：2，因而 PEEK 的耐热性低于 PEK 与 PEKK。

PEEK 分子中苯环与醚键及苯环与羰基间的键长分别为 0.145nm 和 0.154nm，苯环邻位间的氢原子间距非常近，可达到 0.06nm，二者发生相互排斥使得大分子难以保持平面结构而扭曲，因此 PEEK 结晶速度相对 PPS 较慢，但分子间形成氢键的机会增加，分子间作用力提高，力学性能有所提升。

PEEK 为半结晶性高分子材料，最高结晶度可达 48%。PEEK 属于正交晶系，所属空间群为 PbCn，表 4.19 列出了 PEEK 的晶胞参数。在熔点以上对 PEEK 进行热处理可以使其晶胞参数变小，从而使晶胞体积变小，结晶度增大。较高的结晶度使得 PEEK 的强度和耐热性得到进一步提升。

表 4.19　PEEK 晶胞参数

晶体种类	基本晶系	晶胞轴/nm		轴间角	
PEEK	正交晶系	a	0.783	α	90°
		b	0.594	β	90°
		c	0.986	γ	90°

PEEK 的结晶行为受温度影响。由于分子链柔性较差，对温度变化不敏感，如果以过快的速度冷却，PEEK 分子链无法迅速规整排列形成晶相，结晶度下降，而非晶相和晶相之间的中间相比例增大，通过 DSC 测试可以见到"双熔融"现象，即在熔融过程中同时出现了低温熔融峰和高温熔融峰，表示有与晶相不同的组分出现，如图 4.11 所示。

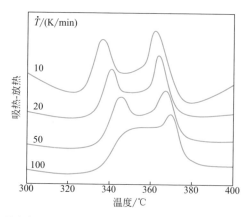

图 4.11　不同降温速率下 PEEK 310℃等温结晶后升温 DSC 曲线

PEEK 的结晶行为还受分子链长度影响，分子量增大，体系黏度增大，分子链运动困难，使晶体生长受阻，结晶完善程度降低。通过多种方式改变 PEEK 的结晶行为有助于调节 PEEK 的性能，拓展 PEEK 的应用范围。

（2）PEK 的结构

PEK 的分子链也具有苯环与羰基和醚键交替排列的刚性结构。羰基与醚键的比例为 1∶1，这使得 PEK 分子链的刚性更大，耐热性提升。PEK 与 PEEK 的链堆积方式很相似，同属正交晶系，其晶胞参数如表 4.20 所示。值得一提的是，其他 PAEK 材料也同样属于正交晶系。

表 4.20　PEK 晶胞参数

晶体种类	基本晶系	晶胞轴/nm		轴间角	
PEK	正交晶系	a	0.763	α	90°
		b	0.586	β	90°
		c	1.000	γ	90°

（3）PEKK 的结构

PEKK 中，羰基与醚键的比例为 2∶1，在已商品化的 PAEK 中比例最高。PAEK 类材料的晶体结构遵循醚酮等效原理，即 PAEK 材料中醚酮的位置相互等效，晶体保持相似的结构。根据醚酮等效原理，PEKK 的结晶结构与 PEEK 基本一致，其醚酮的位置与 PEEK 中的醚酮位置恰好相互对换。只是由于醚键和酮键的键长略有不同，PEKK 晶胞的 c 轴长度更大，为 1.008nm。表 4.21 列出了 PEKK 的晶胞参数。

表 4.21　PEKK 晶胞参数

晶体种类	基本晶系	晶胞轴/nm		轴间角	
PEKK	正交晶系	a	0.767	α	90°
		b	0.606	β	90°
		c	1.008	γ	90°

（4）PEKEKK 的结构

PEKEKK 中，羰基与醚键的比例为 3∶2，比例在 PEK 与 PEKK 之间。PEKEKK 的结晶结构与其他 PAEK 相似，属于正交晶系。表 4.22 列出了 PEEK 的晶胞参数。

表 4.22　PEKEKK 晶胞参数

晶体种类	基本晶系	晶胞轴/nm		轴间角	
PEKEKK	正交晶系	a	0.772	α	90°
		b	0.605	β	90°
		c	1.005	γ	90°

4.4.4 性能

（1）PEEK 的性能

① 物理性能　PEEK 是半结晶性高分子材料，为灰白色的半透明或不透明固体，密度为 1.3g/cm³，与 PPS 相似。吸水率仅为 0.15%。

② 力学性能　PEEK 分子链兼具刚性和柔性，分子链间有氢键连接，且具有结晶结构，使其综合力学性能良好。PEEK 的拉伸强度及弯曲强度比 PPS 更高，且耐蠕变性和耐疲劳性优异。经玻璃纤维或碳纤维增强后，即使在 200℃ 以上的温度也能保持较高的拉伸强度和模量。

PEEK 具有低摩擦系数和低磨耗量，并且能够承受较高载荷的反复作用。特别是经纤维增强后，PEEK 具有与聚酰亚胺（PI）相当的耐磨特性。此外，PEEK 还具有较好的抗剥离性。

③ 热性能　PEEK 具有优异的耐热性。PEEK 的玻璃化转变温度为 143℃，熔融温度为 343℃，长期使用温度可达 240℃。相比于 PPS 而言，PEEK 耐热性更佳，且高温下几乎不发生氧化。PEEK 的热变形温度为 135～160℃，热分解温度为 520℃。PEEK 的阻燃性较好，氧指数为 35%。

④ 电性能　PEEK 的体积电阻率与 PPS、PSF 等相近，在高频下介电损耗角正切值较小。

⑤ 耐环境性能　除浓硫酸外，PEEK 几乎能耐所有溶剂的腐蚀。PEEK 的无定形部分分子堆砌比较松散，分子间相互作用弱，因此溶剂分子容易渗入内部而发生溶胀及应力开裂，能够使无定形 PEEK 发生溶胀的溶剂包括如甲苯、二甲苯、三氯甲烷及乙酸乙酯等非极性溶剂。通过对 PEEK 进行热处理可以提升其结晶度和抗应力开裂性。

PEEK 具有优良的耐湿热性、耐蒸汽性以及优良的耐辐射性能。

此外，PEEK 还是一种具有生物相容性的高分子材料。由于 PEEK 表面呈化学惰性，无有毒物质挥发，表面疏水且无活性侧基，使得 PEEK 不存在生物毒性和细胞毒性，不易引起排异反应。PEEK 的耐化学性也使其不易受到生物体内环境的腐蚀和溶解。

⑥ 加工性能　PEEK 的熔点高，熔体黏度也比较大，因此成型温度比较高，在 350℃ 以上。PEEK 的熔体黏度在 380℃ 以上时对温度的依赖性变小，但对剪切应力和剪切速率的依赖性比较大，在成型时通常会提高压力。PEEK（牌号：Victrex®，PEEK 150G）典型的流变曲线如图 4.12 所示。

表 4.23 列出了 PEEK（牌号：Victrex®，PEEK 150G）的主要性能参数。

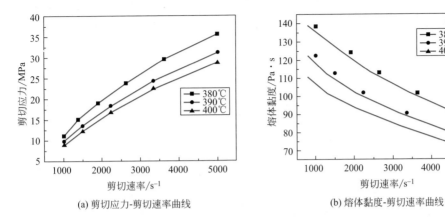

(a) 剪切应力-剪切速率曲线   (b) 熔体黏度-剪切速率曲线

图 4.12　PEEK（牌号：Victrex®，PEEK 150G）的流变性能曲线

表 4.23　PEEK 性能（牌号：Victrex®，PEEK 150G）

项目	数值	测试标准
物理性能		
密度/(g/cm³)	1.30	ISO 1183
力学性能		
拉伸强度/MPa	105	ISO 527
拉伸模量/GPa	4.1	ISO 527
断裂伸长率/%	30	ISO 527
弯曲强度/MPa	130	ISO 178
弯曲模量/GPa	3.9	ISO 178
缺口冲击强度/(kJ/m²)	5.0	ISO 179
电性能		
体积电阻率(23℃)/Ω·m	10^{14}	IEC 60093
介电强度/(kV/mm)	23	IEC 60243-1
介电常数(25℃,1MHz)	3.1	IEC 60250
介电损耗(25℃,1MHz)	0.004	IEC 60250
热性能		
玻璃化转变温度/℃	143	ISO 11357
熔点/℃	343	ISO 11357
热变形温度(1.8MPa)/℃	156	ISO 75
加工性能		
熔体流动速率(400℃/5kgf)/(g/10min)	150	ISO 1133

　　碳纤维增强 PEEK 复合材料是以碳纤维为增强体，PEEK 树脂为基体的复

合材料。碳纤维的加入不仅增强了 PEEK 的力学性能，还能够改善其摩擦性能。30％的短切碳纤维增强 PEEK 复合材料在室温下拉伸强度比未增强时增加一倍，在 150℃下达到三倍。与此同时，增强后的复合材料在冲击强度、弯曲强度和模量方面也得到了大幅度的提升，延伸率急剧降低，热变形温度可超过 300℃。

表 4.24 列出了 30％碳纤维增强 PEEK（牌号：Victrex®，PEEK 150CA30）的主要性能参数。

表 4.24　30％碳纤维增强 PEEK 复合材料性能表（牌号：Victrex®，PEEK 150CA30）

项目	数值	测试标准
物理性能		
密度/(g/cm^3)	1.40	ISO 1183
力学性能		
拉伸强度/MPa	270	ISO 527
拉伸模量/GPa	28	ISO 527
断裂伸长率/％	1.5	ISO 527
弯曲强度/MPa	380	ISO 178
弯曲模量/GPa	24	ISO 178
缺口冲击强度/(kJ/m^2)	6.0	ISO 179
电性能		
体积电阻率(23℃)/$\Omega \cdot m$	10^{13}	ASTM D4496
热性能		
玻璃化转变温度/℃	143	ISO 11357
熔点/℃	343	ISO 11357
热变形温度(1.8MPa)/℃	339	ISO 75-f

同样的，将玻璃纤维与 PEEK 进行复合可以制得玻璃纤维增强 PEEK 复合材料，具有耐高温、耐磨性高，拉伸强度高，阻燃性好等优点。

表 4.25 列出了 30％玻璃纤维增强 PEEK（牌号：Victrex®，PEEK 150GL30）的主要性能参数。

表 4.25　30％玻璃纤维增强 PEEK 复合材料性能（牌号：Victrex®，PEEK 150GL30）

项目	数值	测试标准
物理性能		
密度/(g/cm^3)	1.52	ISO 1183
力学性能		

项目	数值	测试标准
拉伸强度/MPa	200	ISO 527
拉伸模量/GPa	12.0	ISO 527
断裂伸长率/%	2.7	ISO 527
弯曲强度/MPa	290	ISO 178
弯曲模量/GPa	11.5	ISO 178
缺口冲击强度/(kJ/m^2)	7.5	ISO 179
电性能		
体积电阻率(23℃)/Ω·m	10^{14}	IEC 60093
介电损耗(25℃,10^6Hz)	0.004	IEC 60250
介电强度/(kV/mm)	23	IEC 60243-1
热性能		
玻璃化转变温度/℃	143	ISO 11357
熔点/℃	343	ISO 11357
热变形温度(1.8MPa)/℃	335	ISO 75-f

（2） PEK 的性能

① 物理性能　　PEK 是白色半结晶性高分子材料，密度为 1.3g/cm^3，吸水率为 0.6%。

② 力学性能　　PEK 力学性能优良，强度相比 PEEK 更有优势。PEK 的拉伸强度比 PEEK 高 20%，碳纤维增强的 PEK 复合材料强度比 PEEK 复合材料高 15%。

③ 热性能　　PEK 具有优异的耐热性。PEK 的玻璃化转变温度为 165℃，熔点为 365℃，热变形温度为 186℃，长期使用温度 260℃，均高于 PEEK。PEK 的阻燃性较好，极限氧指数为 40%。

④ 电性能　　PEK 的电绝缘性较好，介电常数为 3.4，体积电阻率为 10^{14}Ω·m，介电损耗角正切为 0.005。

⑤ 耐环境性能　　PEK 耐环境性能好，能耐高温蒸汽，且耐辐射。

⑥ 加工性能　　PEK 可采用注塑、挤出或模压等方式进行成型，可以熔融抽丝，也可以采用玻璃纤维或碳纤维增强制备复合材料。PEK 加工温度相对较高，一般在 385～410℃。

表 4.26 列出了 PEK（牌号：Victrex$^{®}$，PEK HT^{TM}G22）的主要性能参数。

表 4.26　PEK 性能表（牌号：Victrex®，PEK HT™G22）

项目	数值	测试标准
物理性能		
密度/(g/cm³)	1.30	ISO 1183
力学性能		
拉伸强度/MPa	115	ISO 527
拉伸模量/GPa	4.3	ISO 527
断裂伸长率/%	25	ISO 527
弯曲强度/MPa	180	ISO 178
弯曲模量/GPa	4.0	ISO 178
缺口冲击强度/(kJ/m²)	3.8	ISO 179
热性能		
玻璃化转变温度/℃	152	ISO 11357
熔点/℃	373	ISO 11357
热变形温度(1.8MPa)/℃	163	ISO 75
电性能		
介电强度/(kV/mm)	23	IEC 60243-1
体积电阻率(23℃)/Ω·m	10^{14}	IEC 60093

（3）PEKK 的性能

① 物理性能　PEKK 是半结晶性高分子材料，密度为 $1.3g/cm^3$。

② 力学性能　PEKK 的力学性能良好，拉伸以及弯曲强度和模量比 PPS 更高，并且耐蠕变性和耐疲劳性优异。经玻璃纤维或碳纤维增强后，即使在 200℃以上的温度也能保持较高的拉伸强度和模量。PEKK 的碳纤维增强复合材料有很高的弯曲强度、剪切强度和压缩强度。

③ 热性能　PEKK 具有优异的耐热性。PEEK 的玻璃化转变温度为 156℃，熔融温度为 350℃，热分解温度在 500℃以上，长期使用温度可达 240℃。PEKK 的阻燃性较好，极限氧指数为 40%。

④ 电性能　PEKK 的体积电阻率与 PEEK 等相近，在高频下介电损耗角正切值较小。

⑤ 耐环境性能　PEKK 耐溶剂性好，除溶于浓硫酸等少数强酸和强极性溶剂外，几乎不溶于其他有机溶剂。PEKK 的对环境适应性强，湿热稳定性优异。

⑥ 加工性能　PEKK 熔体黏度比 PEEK 低，对剪切更加敏感，加工温度与PEEK 相似，更易成型加工。

表 4.27 列出了 PEKK（牌号：Arkema，KEPSTAN® PEKK 6002）的主要

性能参数。

表 4.27　PEKK 性能（牌号：Arkema，KEPSTAN® PEKK 6002）

项目	数值	测试标准
物理性能		
密度/(g/cm³)	1.27	ISO 1183
力学性能		
拉伸模量/GPa	2.9	ISO 527
缺口冲击强度/(kJ/m²)	5.5	ISO 179
电性能		
介电常数(25℃,1MHz)	2.5	IEC 60250
热性能		
玻璃化转变温度/℃	160	ISO 11357
热变形温度(1.8MPa)/℃	139	ISO 75
加工性能		
熔体流动速率(400℃/5kgf)/(cm³/10min)	6	ISO 1133

（4）PEKEKK 的性能

① 物理性能　PEKEKK 是白色或米色半结晶性高分子材料，密度为 1.3g/cm³，PEKEKK 的吸水率为 0.95%。

② 力学性能　PEKEKK 综合力学性能良好，拉伸强度和拉伸模量均高于 PEEK 和 PEK，且具有优异的耐疲劳性。

③ 热性能　PEKEKK 具有优异的耐热性。PEKEKK 的玻璃化转变温度为 170℃，熔融温度为 375℃。碳纤维增强的 PEKEKK 热变形温度可达 380℃以上。PEKEKK 的收缩率较小，仅为 1.1%～1.6%。PEKEKK 的阻燃性是 PAEK 中最佳的。

④ 电性能　PEKEKK 的绝缘性好，具备和 PEEK 相同的优势。

⑤ 耐环境性能　PEKEKK 的化学稳定性高，湿热条件下尺寸稳定性好。

⑥ 加工性能　PEKEKK 的熔点高，熔体黏度也比较大，成型温度在 385℃以上。PEKEKK 的收缩率约为 1.1%～1.6%。

表 4.28 列出了 PEKEKK（牌号：Victrex®，PEKEKK ST™ G45）的主要性能参数。

表 4.28　PEKEKK 性能表（牌号：Victrex®，PEKEKK ST™ G45）

项目	数值	测试标准
物理性能		
密度/(g/cm³)	1.30	ISO 1183

项目	数值	测试标准
力学性能		
拉伸强度/MPa	115	ISO 527
拉伸模量/GPa	4.2	ISO 527
断裂伸长率/%	25	ISO 527
弯曲强度/MPa	130	ISO 178
弯曲模量/GPa	4.0	ISO 178
缺口冲击强度/(kJ/m^2)	4.0	ISO 179
电性能		
体积电阻率(23℃)/Ω·m	10^{14}	IEC 60093
介电强度/(kV/mm)	23	IEC 60243-1
介电常数(25℃,1kHz)	3.0	IEC 60250
介电损耗(25℃,1MHz)	0.004	IEC 60250
热性能		
玻璃化转变温度/℃	162	ISO 11357
熔点/℃	387	ISO 11357
热变形温度(1.8MPa)/℃	172	ISO 75
加工性能		
熔体流动速率(400℃/5kgf)/(g/10min)	150	ISO 1133

4.4.5 应用

（1）PEEK 的应用

自 1978 年英国 ICI 公司研发并实现商品化生产之后，PEEK 因其优秀的力学性能、耐热性、耐腐蚀性、电绝缘性和良好的可加工性能，在航空航天、电子电气、机械工业、交通运输和医疗卫生等领域获得了广泛的应用。PEEK 的应用范围如表 4.29 所示。

表 4.29　聚醚醚酮的应用范围

应用领域	具体制件
通用材料	各种注塑、模压制件
承载类	航空器主次承力件(舱门,起落架,壁板,蒙皮)、紧固件等 各类泵体,阀门,衬套,隔框等
绝缘类	电子电器保护壳,保护罩,线缆外套,电缆桥架等

应用领域	具体制件
耐磨类	轴承、齿轮等,化学机械研磨固定环,晶圆加工工具
耐高温类	电路板基材等
耐蚀类	燃油滤网,油管等
医用材料	人造骨骼,关节,义齿等 牙科器械,内窥镜,透析器等

PEEK 最早是在航空航天领域里获得广泛应用的,它可以代替铝、钛和其它金属材料制造各种飞机内外零部件。PEEK 低密度和良好的加工性,使其可满足精细零部件的成型要求。良好的耐溶剂性和耐化学腐蚀性,满足飞机外部零件耐环境和介质的要求,由 PEEK 做基体制备的复合材料已在飞机的承力部件上得到应用,例如,F-22 的主起落架舱门采用了 APC-2/IM7 复合材料。PEEK 的阻燃性优异,发烟量和有毒气体的释放量少,可以满足飞机的内部零件对材料阻燃性能的要求。目前连续纤维增强的 PEEK 热塑性复合材料已被用于波音 787 系列飞机的吊顶部件。此外,PEEK 还可制作火箭用电池槽、螺栓、螺母及火箭发动机的零部件等。

目前,电子电气领域逐渐成为 PEEK 的第二大应用领域,因为 PEEK 具有优良的电气性能,是理想的电绝缘材料,在高温、高压和高湿度等恶劣的工作环境下,仍然能保持良好的电绝缘性。此外,PEEK 力学和化学性质稳定,且在很宽的范围内不会发生变形,用其制作的零部件可经受热焊处理的高温环境。这一特性使得 PEEK 在半导体工业中常被用于制造晶圆承载器、电子绝缘膜片及各种连接器件。PEEK 优秀的综合性能也使得它适合作为接插件材料使用。PEEK 在高端领域的各类应用如图 4.13 所示。

PEEK 具有良好的综合性能,适用于极端的工作环境。在汽车行业,PEEK 成为汽车中钢、铝、青铜或钛等高性能金属零件的替代者,如发动机内罩材料、ABS 阀、轴承轴衬、垫片、密封件、齿轮、离合器齿环等各种零部件。为满足汽车工业对力学性能、热性能和摩擦性能的更高要求,PEEK 通常与纤维或无机粒子复合改性,降低使用成本,扩大使用范围。PEEK 具有良好的耐磨性和力学强度,在化工领域,PEEK 常被用于制作压缩机阀片、活塞环、密封件和各种化工用泵和阀门等部件。美国 Hex 阀门公司已经使用 PEEK 来成型阀门内衬。

PEEK 在热水、蒸汽、溶剂和化学试剂等条件下可表现出较高的力学强度、尺寸稳定性和水解稳定性,可制造需要高温蒸汽消毒的各种医疗器械。此外,

(a) VICTREX平衡轴齿轮   (b) Drake Plastics电气连接器

(c) F22起落架舱门

图 4.13   PEEK 在高端领域的应用

PEEK 无毒、质量轻、耐腐蚀等优点，是与人体骨骼最接近的材料，可与机体有机结合，因此用 PEEK 代替金属制造人体骨骼是其在医疗领域非常重要的应用，且应用潜力巨大。PEEK 在民用领域的各类应用如图 4.14 所示。

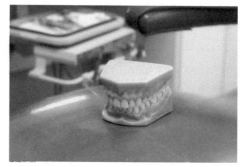

(a) 车内零件，密封件   (b) 义齿

图 4.14   PEEK 在民用领域的应用

（2）PEK 的应用

PEK 具有较强高的强度和耐热性，可以作为一种性价比更高的、轻质的金属替代品，在工业领域有较为宽泛的应用。在航空航天及汽车行业，PEK 可用于制备发动机外壳、热交换部件等。PEK 耐高温、耐油性好，在电子、机械领域可用于生产接头、水下连接器等。PEK 制件成型精度高，使用寿命长，应用前景广阔。

（3） PEKK 的应用

PEKK 由于其强度高、密度小、抵御破坏能力强，满足了航天飞机对高性能材料的要求，很早被用于生产飞机零部件。经过添加碳纤维、玻璃纤维、无机纳米粒子等增强的 PEKK 复合材料由于弯曲强度和模量大幅度提高，抗层间破坏能力增强，可用作飞机口把手、操纵杆，直升机起落架、尾翼等。还可和压电陶瓷材料复合用于飞机上的传感器，又由于耐辐射也可作为卫星电线的包覆材料。荷兰 Fokker 公司成功采用 PEKK 制造了跨度为 12m 的抗扭箱。

PEKK 具有与骨骼与牙齿相似的弹性模量，逐渐被应用于生物医学领域。在骨科方面，经过不同物理化学改性的聚醚酮酮及其复合物，不仅可以保持与人体骨骼相似的弹性模量、提升硬度，还可以改善其生物相容性，增加其抑菌性能，促进骨整合等。在口腔颌面外科方面，可用作种植牙基体、框架、可摘局部义齿的卡环等，聚醚酮酮不仅可以保持良好的美学优势，同时可以拥有良好的抗疲劳性及保持力，与口腔内的黏合系统能保证充分的黏合能力，因此聚醚酮酮作为口腔科修复材料的应用潜力巨大。

（4） PEKEKK 的应用

PEKEKK 的力学性能优于 PEK，性能稳定，寿命较长，广泛地用于油气开采、电子电气以及汽车行业。PEKEKK 可在多种环境下替代金属或其他高性能聚合物，应用于密封垫、刮板、光盘支架、刹车磨损指示器、插座、线缆保护套、阀门或高温润滑介质等。

4.5 聚酰亚胺

聚酰亚胺（polyimide，PI）是分子主链上含有酰亚胺环的一类高分子材料，根据分子链是否含有可交联基团，可分为热塑性聚酰亚胺和热固性聚酰亚胺。典型的热塑性聚酰亚胺有均苯型（假热塑性）聚酰亚胺、聚醚酰亚胺（polyetherimide，PEI）和聚酰胺-酰亚胺（polyamide-imide，PAI），典型的热固性聚酰亚胺有双马来酰亚胺（bismaleimide，BMI）、反应型（polymerization of monomer reactants，PMR）聚酰亚胺和炔基封端聚酰亚胺。

4.5.1 概述

1953 年，美国 DuPont 公司最先申请聚均苯四甲酰亚胺树脂及其薄膜和清漆的专利，并在 20 世纪 60 年代陆续实现了 PI 薄膜和模塑料等产品的商品化。20

世纪 70 年代，美国 GE 公司开发出热塑性 PEI，并在 1982 年实现商品化生产，以商品名 Ultem® 投放市场。20 世纪 80 年代末，日本 Mitsui Chemical 公司开发了商品名为 AURUM® 热塑性聚酰亚胺。近年来，除作为塑料材料使用外，使用玻璃纤维及碳纤维增强的聚酰亚胺基复合材料因其出色的力学特性及耐温性能在工业生产及航空航天领域得到广泛应用。

4.5.2 合成

PI 品种繁多、形式多样，据不完全统计，可以用来合成 PI 的二酐和二胺多达千余种，已经公开报道的 PI 达数千种，同时 PI 的合成具有多种方式，因此具有其他高分子聚合物无可比拟的可设计性。

（1）均苯型 PI 的合成

均苯型 PI 是缩合型线性不熔性 PI 的主要代表，是 PI 中最早实现商品化的品种。它是由均苯四甲酸二酐（PMDA）和各种芳香族二胺在极性溶剂中经缩聚和亚胺化两步反应制得的聚合物，美国 DuPont 公司商品化 Kapton™ 的合成路线如下图所示，也是大多数 PI 合成的工艺路线。

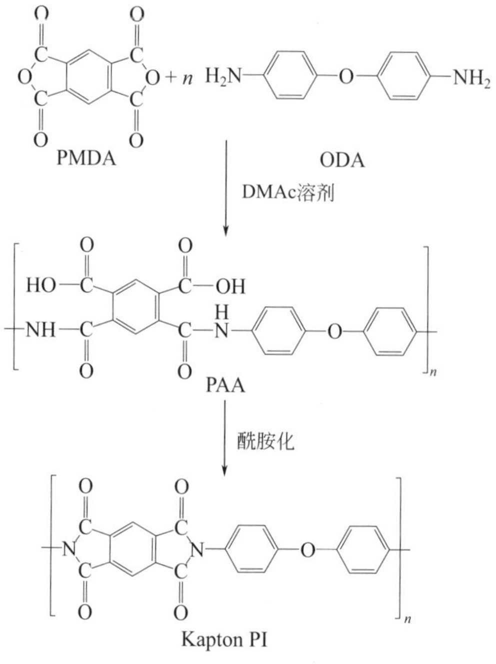

（2）PEI 的合成

相较均苯型 PI，PEI 分子链段中增加了醚键，增加了大分子链段的柔性，因而显著改善了加工性能。

美国 GE 公司开发的 Ultem® 是典型的 PEI，虽然在 PI 家族中性能较低，但因其价格低廉、容易加工得到了广泛应用，其合成路线与均苯型 PI 的传统合成路线不同，采用了成本低廉的含有亚胺环的单体聚合生成 PEI，合成路线如下图所示。

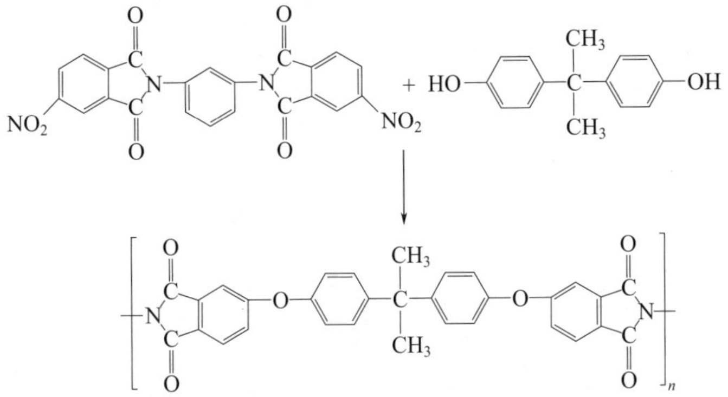

（3）PAI 的合成

PAI 是主链含有酰胺键以及酰亚胺键的非晶型 PI。制备 PAI 的方法很多，商品化生产所采用的酰氯法以二苯甲烷二胺为原料，合成路线如下图所示。

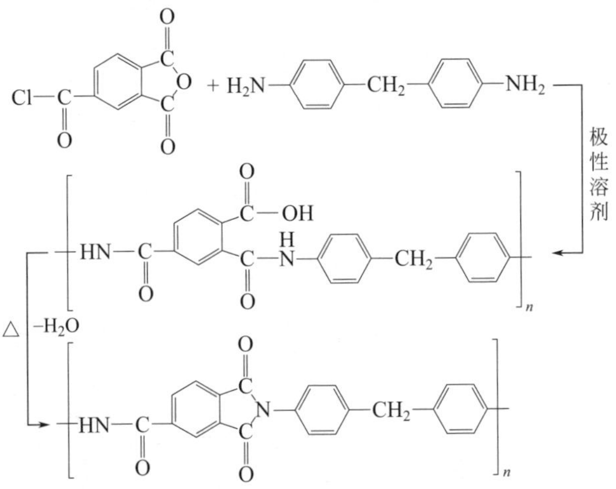

（4）BMI 的合成

BMI 是以马来酰亚胺为活性端基的双官能团化合物，通过马来酰亚胺基团中的活性双键与其他基团聚合或自聚合可以形成热固性 BMI 高分子材料，是从 PI 高分子材料中派生的一类树脂体系。BMI 高分子材料继承了 PI 的高耐热性，通过不同的方式聚合成型，改善了 PI 的加工性能。BMI 典型的合成路线如下图所示。

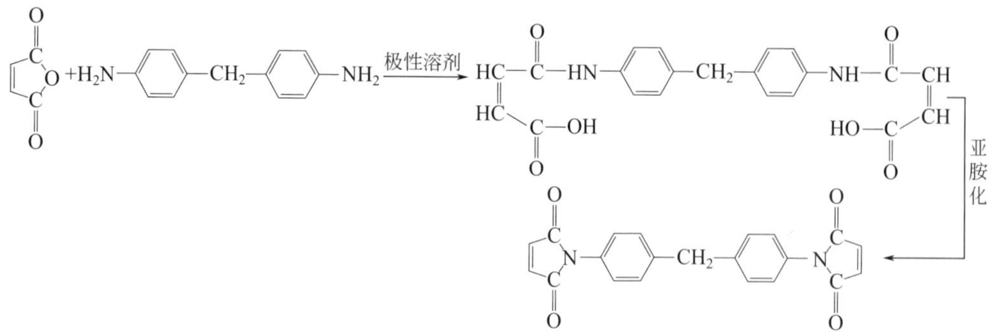

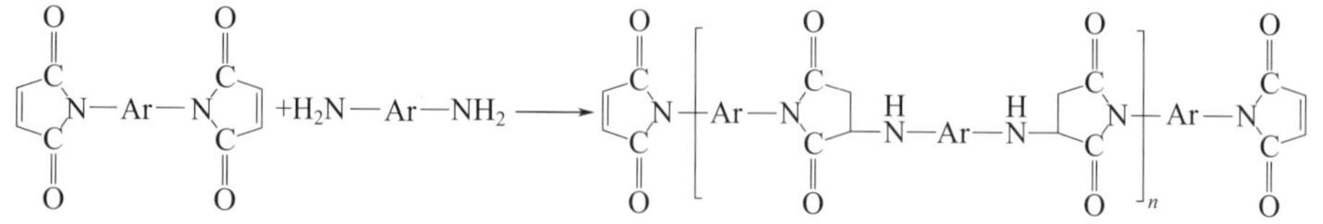

（5）PMR 型 PI 的合成

PMR 型 PI 又称反应型 PI，在结构上是以降冰片烯二酰亚胺为端基的预聚物。最典型的 PMR 型 PI 的配方是二苯酮四酸二甲酯（BTDE）：二氨基二苯基甲烷（MDA）：降冰片二酸单甲酯（NE）＝2：2.087：2。由于合成的预聚物平均分子量为 1500，所以被称为 PMR-15，合成路线如下图所示

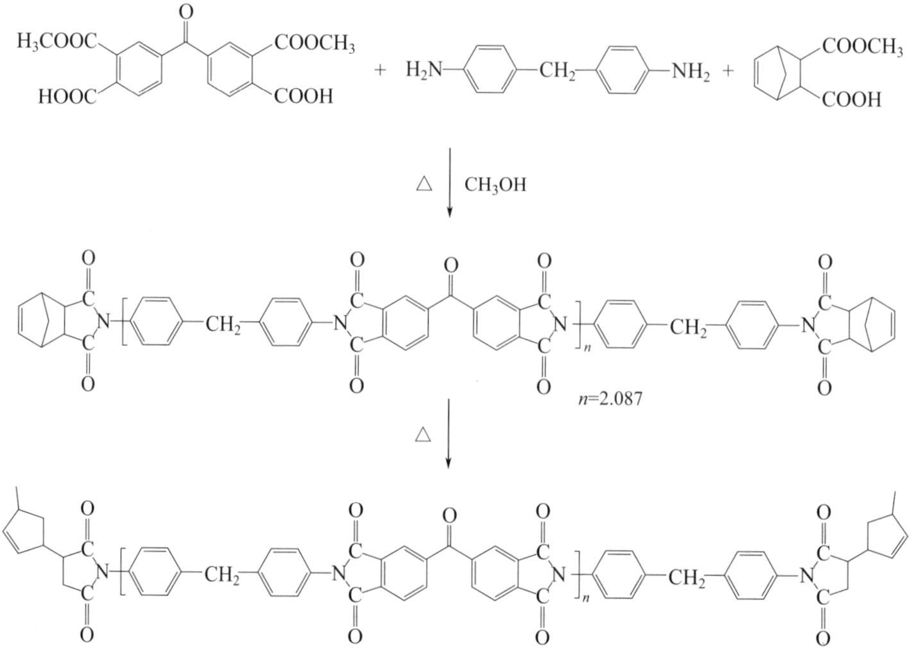

（6）炔基封端 PI 的合成

以降冰片烯为活性基团的 PI，固化交联反应后产生的是脂肪结构，被认为

会影响到聚合物的热稳定性。而以炔基封端的 PI 在固化交联时可三聚成环，反应过程没有小分子和水放出，固化后有优异的力学性能及高的耐热等级。自 20 世纪 70 年代中期开始出现由乙炔基封端的 PI，由带炔基的封端剂与二酐缩聚成聚酰胺酸，再经过酰亚胺化得到乙炔基封端 PI，其结构式如下图所示。

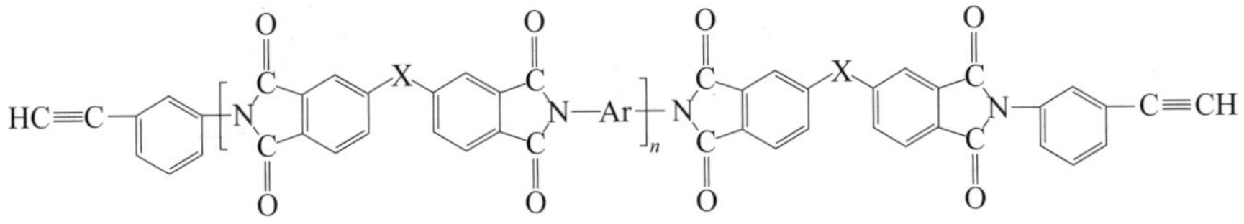

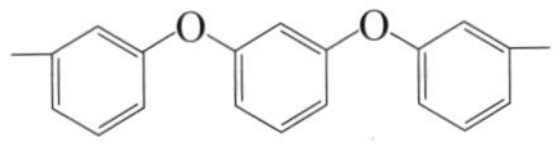

式中的 X：

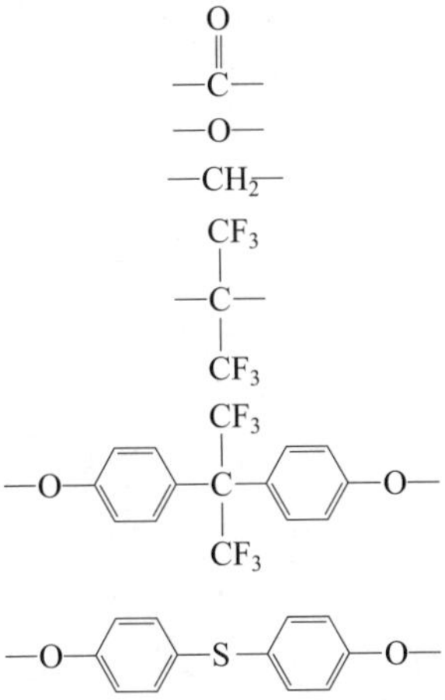

但是乙炔基封端的 PI 在加工过程存在严重问题，其树脂低聚物的熔点较高，且在熔融后立即开始交联，使得树脂的加工窗口区间窄。20 世纪 80 年代后期发展了带苯炔基的 PI 预聚物，能够将树脂的加工温度往高温侧移动，苯炔基团可以处于链段和链中，也可以处于侧链上，一些带苯炔基的封端剂结构式见表 4.30。

表 4.30 主要的带苯炔基的封端剂

缩写	结构式
PEA	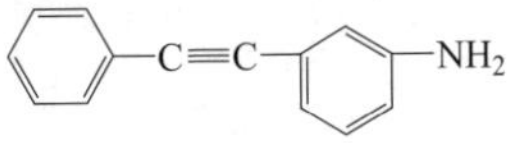 苯基—C≡C—苯基—NH₂
PAPB	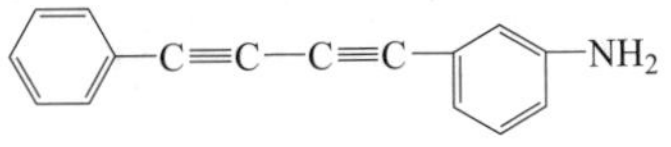 苯基—C≡C—C≡C—苯基—NH₂
PEPOA	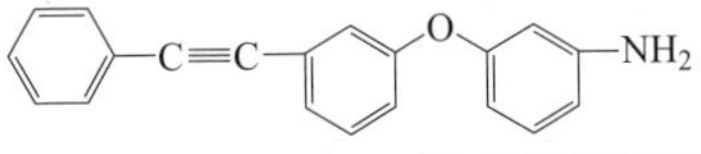 苯基—C≡C—苯基—O—苯基—NH₂

缩写	结构式
3A4′PEB 4A4′PEB	
PEPA	
PEPOPA	
DPEB	

4.5.3 结构

PI 主链最突出的结构特点是含有平面对称的环状酰亚胺，其键长和键角都处于正常状态，只是连接的苯环略有变形，且羰基氧原子并不在分子平面上（图 4.15）。

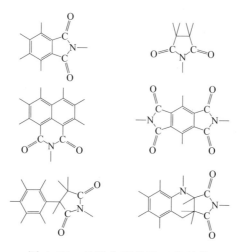

图 4.15　几种典型的酰亚胺结构

PI 大分子链中的二酐和二胺基团之间除存在范德华力外，还存在电荷转移络合物（charge transfer complex，CTC）效应、优势层间堆砌（preferred layer packing，PLP）效应和混合层堆砌（mixed layer packing，MLP）效应等，使 PI 具有高的玻璃化转变温度、折射率及热分解温度。研究表明，重复单元中既含有醚键又含羰基的 PI 的热稳定性要比只含一种柔性基团的更好，这是因为化学结构中给电子基团（—O—）和吸电子基团（—CO—）形成了电荷转移复合物（如图 4.16），满足电子平衡的条件。

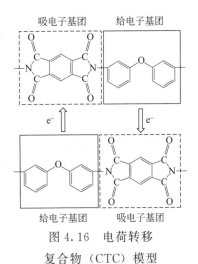

图 4.16　电荷转移复合物（CTC）模型

（1）均苯型 PI 的结构

均苯型 PI 主链由两个酰亚胺基与苯环相连构成的芳杂环构成，芳杂环上 N 原子的未共用电子轨道和 C 原子上的轨道重合，形成稳定的共轭关系，N—C 键键能约为 110kcal/mol，因此具有高刚性、高热稳定性、低变形及流动性。大分子极性羰基的存在使聚合物呈棕色，不耐强酸碱。对称的羰基和氨基纳入五元环中，使极性受到限制，极性降低，因此吸水率不高，只有 0.2%，且具有良好的电绝缘性。单键的存在使得均苯型 PI 大分子具有一定的柔性，但在熔融状态下仍不能流动，因此不能用一般方法成型。

（2）PEI 的结构

PEI 是由双酚 A 醚酐代替 PI 的均苯四酸二酐和二胺反应获得的大分子。与 PI 相比，亚胺环之间引进了双酚 A 醚链，使得酰亚胺键间分子链增长，分子柔性提高，因此 PEI 可用热塑性方法进行加工。同时双酚 A 醚键的引入也使得 PEI 耐热性相对较低。

（3）PAI 的结构

PAI 大分子由酰胺基、酰亚胺基和醚键交互与苯环相连而构成线型芳杂环大分子。与 PI 相比，PAI 由一个酰胺基替代了一个酰亚胺环，使大分子柔性提高，分子间可以形成氢键增大分子间力，因此 PAI 具有高的耐热性，同时获得最佳的机械强度，并且可以用一般的热塑性方法成型加工。

（4）BMI 的结构

BMI 大分子由两个酰亚胺环和两个亚甲基交互并且与苯环相连而构成大分子。与 PI 相比，BMI 中的芳杂环变为亚甲基，增加了分子柔性，熔体流动比 PI 容易，耐湿热性提高，但耐热性能降低。

BMI 单体中活性端基上的碳碳双键具有极高的反应活性，这是因为在两个可以强吸电子的羰基作用下，活性端基中的碳碳双键高度缺电子，从而可以与其他物质发生反应，如 Diels-Alder 反应、亲核反应以及自由基聚合等反应。当加热到一定温度或在催化剂作用下，BMI 单体即可交联固化，形成 BMI 树脂。

4.5.4　性能

（1）均苯型 PI 的性能

① 物理性能　均苯型 PI 是非结晶性高分子材料，呈透明黄褐色，密度在高性能热塑性高分子中仅次于氟塑料，吸水率为 0.24%。

② 力学性能　PI 具有优良的力学性能，与 PPS 相比其拉伸强度略高，但是弯曲强度略小。

③ 热性能　均苯型 PI 的芳香环可以与氧原子和氮原子形成牢固的共轭体系，使其具有很高的热稳定性，玻璃化转变温度仅次于 PAS，长期使用温度、热变形温度、热分解温度等均为高性能热塑性高分子中最高的，在 269～400℃ 范围内可保持较高的力学性能。

④ 电性能　在 −70～10℃ 之间，均苯型 PI 的介电常数随温度的升高有所增大，10℃ 之后随温度的升高而减小。均苯型 PI 的体积电阻率随温度的升高而减小，介质损耗角正切是高性能热塑性高分子中最低的，且随温度的变化不大。

⑤ 耐环境性能　均苯型 PI 中最薄弱的结构为亚胺环，其中的 N—C 键受到五元芳香环的保护，因此化学稳定性大大超过具有相同 N—C 键的 PA 和 PU。均苯型 PI 能耐稀酸，但在浓硫酸和发烟硝酸等强氧化剂作用下会发生氧化降解，也不耐碱性溶液，在强碱水溶液中会发生水解，高温条件能促进该水解反应。均苯型 PI 几乎不溶于所有的有机溶剂。

均苯型 PI 的耐辐照性能好。经 10^7 Gy 的 γ 射线照射后均苯型 PI 的强度和模量保持不变，经 10^8 Gy 的 γ 射线照射后颜色变深，但耐热氧老化性能提升，且分解温度保持不变，这与辐射引起的交联反应有关。均苯型 PI 薄膜耐中子辐照性能很好，在 75℃ 下，经 $3×10^{18}$ 中子/cm^2 照射后，性能不发生变化，经 $1.4×10^{19}$ 中子/cm^2 照射后，颜色稍变深。这是由于在辐照过程中，均苯型 PI 断链和交联反应同时进行，但交联反应速率比断链反应速率快，并且辐射分解的产物能重新发生结合。

⑥ 加工性能　不溶不熔的性质使均苯型 PI 加工困难，通常只能用粉末冶金方法由模塑粉压制制品，或采用浸渍法或流延法制成薄膜。

表 4.31 和表 4.32 为均苯型 PI 模塑料（牌号：DuPont^{TM}，Vespel$^®$ SP-1）及薄膜（牌号：DuPont^{TM}，Kapton$^®$ HN）性能。

表 4.31　均苯型 PI 性能（牌号：DuPont™，Vespel® SP-1）

项目	数值	测试标准
物理性能		
密度/(g/cm³)	1.33	ISO 1183
力学性能		
拉伸强度/MPa	86.2	ISO 527-1/-2
弯曲强度/MPa	110.3	ISO 178
弯曲模量/GPa	62.1	ISO 178
断裂伸长率/%	7.5	ISO 527-1/-2
缺口冲击强度/(J/m²)	42.7	ASTM D256
热性能		
热变形温度(2MPa)/℃	360	ASTM D648
线膨胀系数(23℃)/(10⁻⁶/℃)	54	ASTM D696
电性能		
表面电阻率/Ω	$10^{15} \sim 10^{16}$	ASTM D257
体积电阻率/Ω·m	$10^{14} \sim 10^{15}$	ASTM D257
介电常数(23℃,1MHz)	3.55	ASTM D150
介电损耗因子(23℃,1MHz)	0.0034	ASTM D150
介电强度(23℃)/(kV/mm)	22	ASTM D149

表 4.32　均苯型 PI 薄膜性能（牌号：DuPont™，Kapton® HN，25μm）

项目	数值	测试标准
物理性能		
密度/(g/cm³)	1.42	ISO 1183
力学性能		
拉伸强度/MPa	231	ISO 527-1/-2
断裂伸长率/%	65	ISO 527-1/-2
缺口冲击强度/(J/m²)	90	ASTM D256
热性能		
线膨胀系数/(10⁻⁶/℃)	20	ASTM E794
玻璃化转变温度/℃	360～410	ISO 11357-2
电性能		
体积电阻率/Ω·m	1.5×10^{15}	ASTM D257
介电常数(25℃,1MHz)	3.4	ASTM D150
介电损耗因子(25℃,1MHz)	0.0018	ASTM D150
介电强度(60Hz)/(kV/mm)	303	ASTM D149

（2）PEI 的性能

① 物理性能　PEI 是一种非结晶性高分子材料，呈琥珀色。由于 PEI 分子链柔性更大，相比于均苯型 PI 分子链堆积较为松散，密度较小，与 PEEK 相似，吸水率为 0.25%。

② 力学性能　PEI 力学性能较好，强度和模量均高于均苯型 PI。此外，PEI 尺寸稳定性好，并具有优良的抗蠕变性。

使用玻璃纤维增强后，PEI 的拉伸强度、冲击强度和弹性模量等性能均大幅度提高，因此往往用于要求高强度及高刚性的领域。

③ 热性能　PEI 的脆化温度为 $-160℃$，玻璃化温度为 $215\sim220℃$，分解温度为 $530\sim550℃$，长期使用温度为 $170\sim180℃$，热变形温度为 $200\sim225℃$。PEI 的阻燃性能优异，氧指数大于 47%，燃烧时发烟量低，毒性小，是理想的阻燃材料。

④ 电性能　PEI 具有与均苯型 PI 相似的电性能，在 150℃ 以下 PEI 的介质损耗角正切和介电常数几乎不随温度变化。

⑤ 耐环境性能　PEI 耐稀酸、稀碱，几乎不被所有脂肪族烃类腐蚀，汽油抵抗能力良好，室温下 PEI 在汽油中浸泡 96h 性能不发生明显变化，但在 150℃ 时能溶于甲苯、三氯乙烯和氨水等溶剂。PEI 还具有优良的耐水性和耐沸水性能，在沸水中经 10^4 h 后仍能保持 85% 的拉伸强度。

此外，PEI 耐辐射性能也很优异，经 10^7 Gy 的 γ 射线照射后强度和模量基本保持不变。

⑥ 加工性能　PEI 在宽的温度范围内有良好的加工性能，能用注射、挤出、吹塑等方法加工制作。不同品种的 PEI 流动性相差很大，标准级 PEI 流动性差、加工性能较差，可对其进行改性得到工艺性能优良的高流动性 PEI。表 4.33 为 PEI（牌号：Sabic®，ULTEM™ 4001）性能。

表 4.33　PEI 性能（牌号：Sabic®，ULTEM™ 4001）

项目	数值	测试标准
物理性能		
密度/(g/cm³)	1.26	ISO 1183
力学性能		
拉伸强度/MPa	103	ISO 527-2/1A
拉伸模量/GPa	3.35	ISO 527-2/1A
断裂伸长率/%	40	ISO 527-2/1A
弯曲强度/MPa	151	ISO 178

项目	数值	测试标准
弯曲模量/GPa	3.4	ISO 178
缺口冲击强度/(J/m^2)	117	ISO 179
电性能		
体积电阻率/$\Omega \cdot$ m	10^{15}	IEC 60093
表面电阻率/Ω	10^{15}	IEC 60093
介电强度/(kV/mm)	19.7	IEC 60243-1
介电常数(25℃,60Hz)	3.2	IEC 60250
热性能		
玻璃化转变温度/℃	217	ISO 11357-2
热变形温度(1.8MPa)/℃	200	ISO 75-2/A

（3） PAI 的性能

① 物理性能 PAI 的物理性能与均苯型 PI 类似，但由于分子主链中存在酰胺键，吸水率较均苯型 PI 有明显提高。

② 力学性能 PAI 具有优异的力学性能，强度与模量远高于 PEI，并且在高温下的力学性能也十分优良。PAI 还具有优异的耐蠕变性和尺寸稳定性以及高的冲击强度，其缺口冲击强度是均苯型 PI 和 PPS 的 2 倍。此外，PAI 耐摩擦系数低，在高温下的耐摩擦损耗性能也较好。

③ 热性能 PAI 的耐热性是热塑性 PI 中最好的，能够长时间耐受 200℃的高温。此外，PAI 的阻燃性能好，氧指数达 45%。

④ 电性能 PAI 的介电强度高，电绝缘性能优异，其体积电阻率高达 $10^{17}\Omega \cdot$ cm 数量级，表面电阻率高达 $10^{18}\Omega$。

⑤ 耐环境性能 PAI 耐化学药品性能优良。能耐脂肪烃、芳香烃、氯化烃及几乎所有的酸，但不耐浓碱、饱和水蒸气及由浓硫酸和浓硝酸组成的混酸。PAI 也具有优良的耐辐照性能，经 10^7Gy 的 γ 射线照射，拉伸强度仅下降 7%。

⑥ 加工性能 PAI 主要采用注射成型和层压成型方法加工，还可采用浸渍法或流涎法制备薄膜。由于 PAI 的熔体黏度高，并且在高温下分子量增大，在注射成型过程中需采用不带止逆装置的螺杆。PAI 具有特殊的流变性能，通常采用高注射压力，大的泵容量和蓄能器组合的方式来完成树脂的高速填充。PAI 具有吸湿性，物料在成型之前应在 121℃、24h 的条件下预干燥。

表 4.34 列出了 PAI（牌号：Solvay，Torlon® 4203L）的主要性能参数。

表 4.34　PAI 性能表（牌号：Solvay，Torlon® 4203L）

项目	数值	测试标准
物理性能		
密度/(g/cm³)	1.42	ASTM D792
力学性能		
拉伸强度/MPa	152	ASTM D638
拉伸模量/GPa	4.48	ASTM D638
断裂伸长率/%	7.6	ASTM D638
弯曲强度/MPa	241	ASTM D790
弯曲模量/GPa	5.03	ASTM D790
缺口冲击强度/(J/m²)	140	ASTM D256
电性能		
体积电阻率/Ω·m	10^{16}	IEC 60093
表面电阻率/Ω	10^{18}	IEC 60093
介电常数(25℃,60Hz)	<2.1	IEC 60250
热性能		
玻璃化转变温度/℃	277	DSC
热变形温度(1.8MPa)/℃	278	ASTM D648

（4）BMI 的性能

① 物理性能　BMI 单体多为结晶固体，呈淡黄色或黄色。

② 力学性能　由于分子链中苯环和酰亚胺环的存在，BMI 的力学性能高于 EP，拉伸模量一般在 3GPa 以上。但是，固化的 BMI 高分子材料中芳香链和高交联密度导致材料变脆，导致其难以满足更广泛的应用需求。表 4.35 展示了几种牌号 BMI 高分子材料的力学性能。

表 4.35　几种牌号 BMI 的力学性能（北京航空材料研究院、北京航空工艺研究所）

项目	5405	5245C	QY8911	5222	5208	5250	5292
拉伸强度/MPa	84.7	82.7	65.6	67.7	58.3	62.0	82
拉伸模量/GPa	3.12	3.30	3.0	3.8	3.7	2.7	4.3
断裂伸长率/%	3.83	2.90	2.2	2.0	1.8	1.7	2.3
冲击强度/(kJ/m²)	25.4	10.4	—	—	—	—	—

③ 热性能　由于具有苯环、酰亚胺杂环及交联密度较高，BMI 模压和层压制品具有良好的耐热性，玻璃化转变温度一般在 250℃以上，使用温度范围在 177～232℃，这是 BMI 最大的应用优势。BMI 高分子材料高温力学性能优良，

即使在250℃温度下，强度保持率仍可达60％以上。BMI阻燃性能良好，可达UL94V-0级。

④ 电性能　BMI是一种非极性高分子材料，介电常数较低。MI的介质损耗因子在0.003～0.012之间，远低于环氧树脂的0.018～0.030，而且BMI比其他热固性树脂在高温、潮湿条件下和较广频率范围内更能保持较低的介质损耗因子。

⑤ 耐环境性能　BMI具有与PI一样的耐潮湿、耐腐蚀等特点，同时也具有优良的耐辐照性能，可耐10^7Gy照射。

⑥ 加工性能　BMI主要采用模压和传递模压等方法成型。Kind®5504和Kind®5514可通过模压成型制得制品，成型条件如表4.36。

Kind®5515流动性好，固化速度快，可采用传递模压方法加工成制品，成型条件如表4.37。

表4.36　BMI Kind®5504和Kind®5514的模压成型条件

步骤	详细过程
第一步	模压温度230～250℃，压力10～30MPa，固化时间2min/1mm厚
第二步	脱模后再将制品放在加热炉中于250℃后处理24h，或者于200℃后处理48h

表4.37　BMI Kind®5515的模压成型条件

步骤	详细过程
第一步	模压温度200℃，压力30～60MPa，固化时间1min/1mm厚
第二步	后固化条件200℃，24h

（5）PMR型PI的性能

① 热性能　PMR型PI热稳定性好，长期使用温度高于260℃，在高温下力学性能优良。其中PMR-15在316℃空气中热老化1000h后，材料的失重小于10％。而PMR-Ⅰ具有更好的耐热氧老化性，可在371℃长期使用。

② 加工性能　PMR型PI主要采用模压和层压法加工成制品。因采用低分子量的单体进行反应，加工初期熔体黏度低，加工性能好，可在低压下加工。其次，由于使用低沸点的溶剂，减少了制品的孔隙率。

（6）炔基封端PI的性能

① 热性能　炔基封端PI具有优异的耐热性，长期使用温度高于300℃。

② 加工性能　炔基封端PI主要用模压和层压方法成型，其中乙炔封端PI模压成型固化条件为温度250～260℃，压力14MPa，时间2h，后固化条件为温度316℃，时间4～48h。在固化成型过程中没有挥发物产生，制品孔洞率低。

4.5.5 应用

PI作为一种特种工程材料，不论是作为结构材料或是作为功能性材料都拥有巨大的应用前景。PI在很宽的温度范围内（-269～400℃）具有优异的耐热性、耐低温性、耐化学腐蚀性、耐辐射性、绝缘性能、介电性能、阻燃性能和力学性能，以及较低的热膨胀系数和无毒环境友好性，分别以薄膜、纤维、光敏材料、泡沫和复合材料应用于柔性屏幕、轨道交通、航空航天、防火材料、光刻胶、电子封装、风机叶片、军舰、汽车等若干领域。PI的具体应用如表4.38所示。

表 4.38　PI 应用范围

应用领域	具体制件
通用材料	各种棒材、板材、纤维及薄膜
承载类	航空器主次承力件、紧固件等 各类机械零件
绝缘类	电子元件节点层、缓冲层、保护层、印刷电路板、线缆衬套等
光学类	滤光膜、光刻胶、柔性屏幕等
耐高温类	高超声速飞行器结构材料、隔离膜、耐高温涂料、泡沫隔热层
粘接类	高温粘接剂

聚酰亚胺薄膜（简称为PI膜）是最早实现商业化应用的PI产品，被称作我国发展高技术产业的三大瓶颈性关键高分子材料之一。PI膜是目前性能极佳的薄膜类绝缘材料，它具有优异的力学性能、电学性能、化学稳定性、高辐射抗扰度、高低温抗扰度，已广泛应用于航空、航海、宇宙飞船、火箭导弹、原子能、电子电器工业等多个领域。

PI膜作为电机槽绝缘及电缆绕包材料是PI最早的用途之一。电子级PI膜还在大规模和超大规模集成电路中得到了大量的应用，主要是作介电层进行层间绝缘、缓冲层及粒子屏蔽层。由于PI的线膨胀系数与铜相近，且具有很好的耐热性，与铜箔复合的粘接力强，目前广泛地用于挠性印刷线路板用基板材料——挠性覆铜板（FCCL）中。近年，PI膜又不断地扩大其应用领域。例如透明的PI膜可做成柔软的太阳能电池底板，无线射频识别标签（RFIDTag）的基材也有采用PI膜。

以PI膜为基材制造柔性印刷线路板是PI的主要用途之一。具有质量轻、能耐300℃焊锡不损坏，可满足电子工业中波峰焊工艺需要的特点。柔性印刷线路板通常由均苯型 PI 薄膜黏结在铜箔上制成,将电路图印刷在涂有防腐蚀涂层的铜箔上,蚀去多余的涂层,再黏结另一张薄膜以保护电路。

均苯型 PI 膜用于铝线和电缆绝缘,可减轻质量和减小体积 30%～50%。其用于电子电器上,不仅具有优良的电绝缘性能,而且能耐很高的温度和在高温下具有令人满意的使用寿命。

PI 在航天领域的用途是其它材料所无法代替的,如图 4.17 所示。例如,宇宙飞船上的电线绝缘,飞船外可动单元(包括宇宙服、耐热宇宙尘外套、遮阳系统、救急供氧系统等)的防护密封,以及航天飞机位于高真空条件下与液态接触的阀门零件等,都大量地使用了均苯型 PI 薄膜、模塑料和黏合剂。

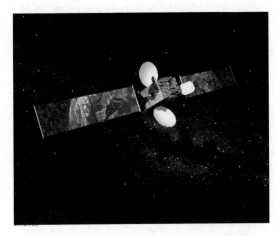

图 4.17 PI 膜用于卫星保护层

PI 在机械设备中被广泛用于制造垫圈、活塞环等密封零件,轴承、轴封、导轮、衬套、齿轮、凸轮等耐磨零部件,以及阀座、泵、弹簧底座等。其中,对于需在高温下使用的多采用均苯型 PI 的模压件。均苯型 PI 具有很高的极限值,即使在无油润滑条件下,也能保持良好的耐摩擦磨损性能,因此被大量用作精密机械的轴承、齿轮、轴封件、叶轮衬套、导轮等。

除此之外,PI 具有优越的耐热性,可在 260℃下持续使用,低温性能和绝缘性都优良,可以作为耐高温的特种胶黏剂使用,其缺点是在碱性条件下易水解。在航天、飞机制造及机械工业中 PI 广泛用作铝合金、钛合金,以及陶瓷等非金属胶接的结构胶黏剂。PI 在民用领域的各类应用如图 4.18 所示。

PEI 因其优良的机械特性、耐热特性和耐化学药品特性,在航空、汽车、电器元件及结构承载材料领域得到了广泛的应用。美国 GE 公司开发的 Ultem1613 已用于制飞机的各种零部件,如舷窗、机头部件、座件靠背、内壁板、门覆盖层以及供乘客使用的各种物件。此外,PEI 和碳纤维复合而成的复合材料已用于最

(a) PI纤维用于阻燃衣

(b) PI泡沫

图 4.18　PI 在民用领域的应用

新直升机各种部件的结构。

　　PAI 主要用于非润滑轴承、密封件、阀门、压缩机、新能源光伏背板和复印机分离爪等。其具有低的线性热膨胀系数、出色的尺寸稳定性、良好的耐烧蚀性能和高温、高频下的电磁性，同时可作为飞行器的烧蚀材料、透磁材料和结构材料，其中 Solvay 公司开发的 Torlon® PAI 制成的非腐蚀性夹紧螺母是一种航空紧固件，如图 4.19 所示。重量轻的非金属夹紧螺母已应用于波音 737 的发动机护罩，优势是减轻了机身负载且降低发动机噪声和振动，并在高温下保持机械性能。

图 4.19　Solvay 公司开发的 Torlon® PAI 用于航空紧固件

　　PI 纤维因其优异的力学性能和耐高温性能，在很多领域均有重要的作用，主要包括以下几个方面：①航空航天，如轻质电缆护套、耐高温特种编织电缆、大口径展开式卫星天线张力索等。②环保领域，如工业高温除尘过滤材料。③防火材料，如耐高温阻燃特种防护服、防寒服、赛车防燃服等。

BMI 与连续碳纤维复合而成的复合材料主要用作飞机和各种航天器的次承力、主承力构件或作为蜂窝夹芯板结构中蜂窝芯填充、嵌件灌封和边缘填充构件，例如雷达罩、机翼、垂尾、尾翼和机身骨架等。美国 Cytec 公司开发出的 Rigidite 5250-4 已应用于 F22 猛禽战斗机中，其优势包括：①在高温下机械性能良好，优于环氧树脂，可获得较低的质量和较高的安全性；②可采用与环氧树脂一致的热压罐加工工艺来制备；③装配成本与环氧树脂类似。

为提高航空发动机的推重比，进一步改善发动机性能，航空发动机的冷端部件越来越多地采用 PMR 型 PI 复合材料制造。Solvay 公司开发的 CYCOM® 2237 是 PMR-15 类复合材料，其热氧化稳定性和抗微裂纹性使其成为喷气发动机和其他疲劳负载部件的理想选择，例如旁通管道、齿轮箱盖、变速箱外壳、通风管、风扇定子和叶片组件、核心罩、颗粒分离器涡流框架和压模轴承。中科院研制的 KH-304，是国内较早研制成功的 PMR 型 PI，已成功应用到发动机的外涵道的制造。

20 世纪 90 年代，美国 NASA 和空军材料实验室开发了韧性得到大幅提升的苯乙炔基封端 PI，通称为 PETI 基体树脂，其复合材料已在美国超音速客机舱段上通过验证。进入 21 世纪后，美国 NASA 开发了适合 RTM 工艺的 PETI-330 和 PETI-375，目前已经用于飞机引擎机舱部件和空间往返式飞行器；日本 JAXA 利用非对称的 BPDA 开发了芳香族无定形 TripleA-PI 树脂，在航空航天器的结构和功能性部件上显示出了良好的应用前景。

聚酰亚胺泡沫（polyimide foams）是一类分子链上含有酰亚胺基团的芳香杂环三维多孔材料，其独特的分子和凝聚态结构使其具有耐高低温、轻质、自阻燃、低发烟、低导热、吸音降噪以及无有害气体释放等优异性能，已经作为关键材料广泛应用于航空航天、军工、电子科技等领域。聚甲基丙烯酰亚胺（PMI）泡沫的典型应用包括：①结构泡沫芯材，优异的抗高温压缩性，使其作为芯材广泛应用于风机叶片、航空、航天、舰船、运动器材、医疗器械等领域；②宽频透波材料，低介电常数及损耗使其广泛应用于雷达、天线等领域；③隔热隔音材料，高速机车、轮胎、音响等。INSPEC 公司生产的 SOLIMIDE 泡沫已被超过 15 个国家用于海军船舶的隔热隔声体系，在民用船，如豪华游轮、快艇、液化天然气船上也有广泛应用。

聚甲基丙烯酰亚胺泡沫（简称 PMI）是目前综合性能突出的高分子泡沫结构材料，是一种高比强度、高比模量、高闭孔率、高耐热性（180℃）的高性能复合材料泡沫芯材，具有轻质、高强、耐高/低温等特点，广泛用于风机叶片、直升机叶片、航空航天等领域中。

4.6　杂萘联苯聚芳醚

4.6.1　概述

高性能工程塑料具有优异的综合性能，其性能和使用寿命均高于普通树脂，已成为航空航天、电子电气、精密仪器、能源、机械、交通运输、石油化工等领域不可或缺的材料。但是，传统高性能工程塑料的耐热性与溶解性之间呈反向变化关系，即耐热性越好，其溶解性越差，甚至不溶解于有机溶剂。例如，全芳香杂环聚合物具有优异的热稳定性、耐辐照性、耐化学稳定性和力学性能，但因其分子链的刚性、较强的分子链间的作用力及结晶性等结构特点，导致其溶解性差，熔体黏度高，加工困难。目前只有聚酰亚胺实现了规模化生产，其它品种如聚苯并咪唑、聚苯并噁唑、聚苯基三嗪、聚吡咯由于聚合单体难以合成及合成条件苛刻等均未大规模的商品化。研究开发耐热等级更高又可溶解的新型高性能工程塑料是科学界和工程界都关注的热点问题。

大连理工大学从分子结构设计出发，设计、合成了一种结构新颖的 4-(4-羟基苯基)-2,3-杂萘-1-酮（简称 DHPZ）新单体，其化学结构如图 4.20 所示。二氮杂萘酮联苯结构与聚酰亚胺中的酰亚胺环类似，但其六元二氮杂环的化学稳定性显著优于酰亚胺五元一氮杂环，保留芳香氮杂环耐高温性能，克服了五元酰亚胺环热水解稳定性差的弊端，且苯环与杂萘环呈近 120°角度，使 DHPZ 具有扭曲、非共平面和芳稠环的结构特点。

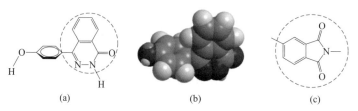

图 4.20　DHPZ（a）及其空间模拟结构（b）与酰亚胺环（c）对比

DHPZ 的反应活性和谱学研究的结果表明，DHPZ 的—NH 基团具有一定的酸性，其反应活性类似酚羟基—OH，在碱性催化剂作用下，与活化的双卤单体，如 4,4'-二氯二苯砜、4,4'-二氟二苯酮、1,4-二(4-氯代苯甲酰基)苯发生溶液亲核取代反应，得到高分子量含二氮杂萘酮联苯结构聚芳醚砜、聚芳醚酮、聚芳醚砜酮、聚芳醚砜酮酮、聚芳醚腈砜酮等，该系列聚合物具有优异的耐热性，且可溶于 N,N-二甲基乙酰胺、N-甲基吡咯烷酮等非质子极性溶剂，从根本上解决了传统高性能工程塑料耐高温不溶解或可溶解不耐高温的技术难题。在大量实验基础上总结出"全芳环非共平面扭曲的分子链结构可赋予聚合物既耐高温又可溶解的优异综合性能"的分子设计指导理论。在此思想指导下，研制成功含二氮杂萘酮联苯结构二酐、二胺、二酸等系列新单体，进而开发成功新型聚芳酰胺、聚酰亚胺、聚酰胺酰亚胺、聚芳酯等系列高性能树脂，如图 4.21 所示。

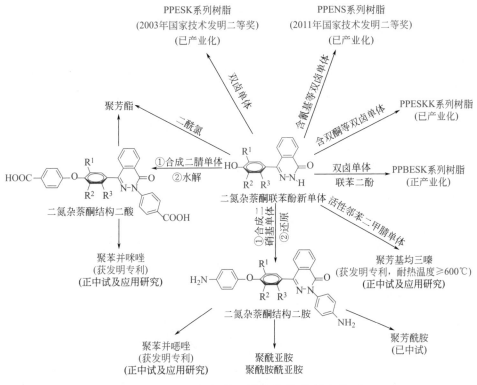

图 4.21　含二氮杂萘酮结构高性能树脂体系

　　杂萘联苯聚芳醚既耐高温又可溶解，具有优异的综合性能，在高性能树脂基复合材料、耐高温功能涂料、耐高温绝缘材料（漆、膜和电缆等）、耐高温功能膜等领域深加工产品已经广泛应用于航空航天、舰船、核能、轨道交通、电子电器、石油化工、环保等领域。

4.6.2　合成

　　在非质子溶剂（如 N,N-二甲基乙酰胺）中，DHPZ 与活化的双卤单体发生亲核取代反应，得到高分子量含二氮杂萘酮联苯结构系列聚合物，如下图所示。例如，DHPZ 与活化的双卤单体 4,4'-二氯二苯砜或/和 4,4'-二氟二苯酮发生溶液亲核取代逐步聚合反应，得到高分子量含二氮杂萘酮结构聚醚砜（PPES）、聚醚酮（PPEK）、聚醚砜酮（PPESK）。

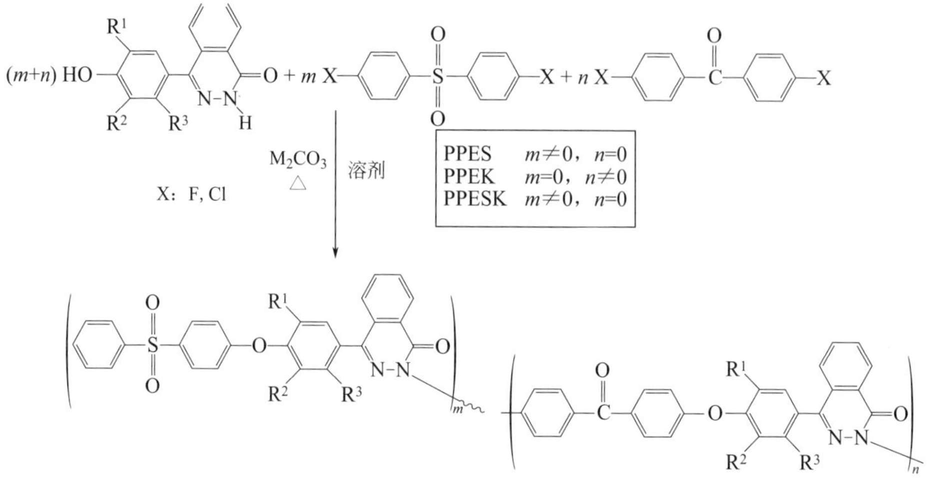

聚芳醚酮的合成是采用高活性的氟代芳酮单体——4,4'-二氟二苯酮为原料，与双酚单体经亲核取代反应而制得。与 2,6-二氯苯腈、4,4'-二氯二苯砜共聚制得系列高分子量含二氮杂萘酮结构的聚醚砜酮酮（PPESKK）、聚醚腈酮酮（PPENKK）共聚物，反应表达式如下图所示。

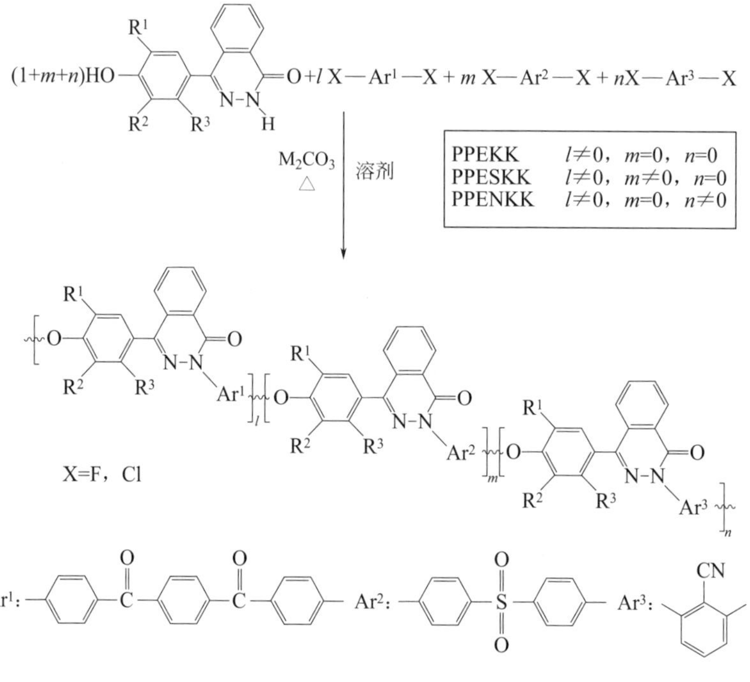

聚芳醚腈是分子主链含有醚键、芳环和带有氰基侧基的一类聚合物。聚芳醚腈可由 DHPZ 与 2,6-二氟/氯苯腈和/或 4,4′-二氯二苯砜共聚反应制得。在特殊复合催化剂作用下，经 4,4′-二氯二苯酮或 1,4-二（4-氯代苯甲酰基）苯进行三元或四元共聚，可制得高分子量含二氮杂萘酮联苯结构聚醚腈酮（PPENK）、聚醚腈砜酮（PPENSK）、聚醚腈砜酮酮（PPENSKK）等。反应表达式如下图所示。

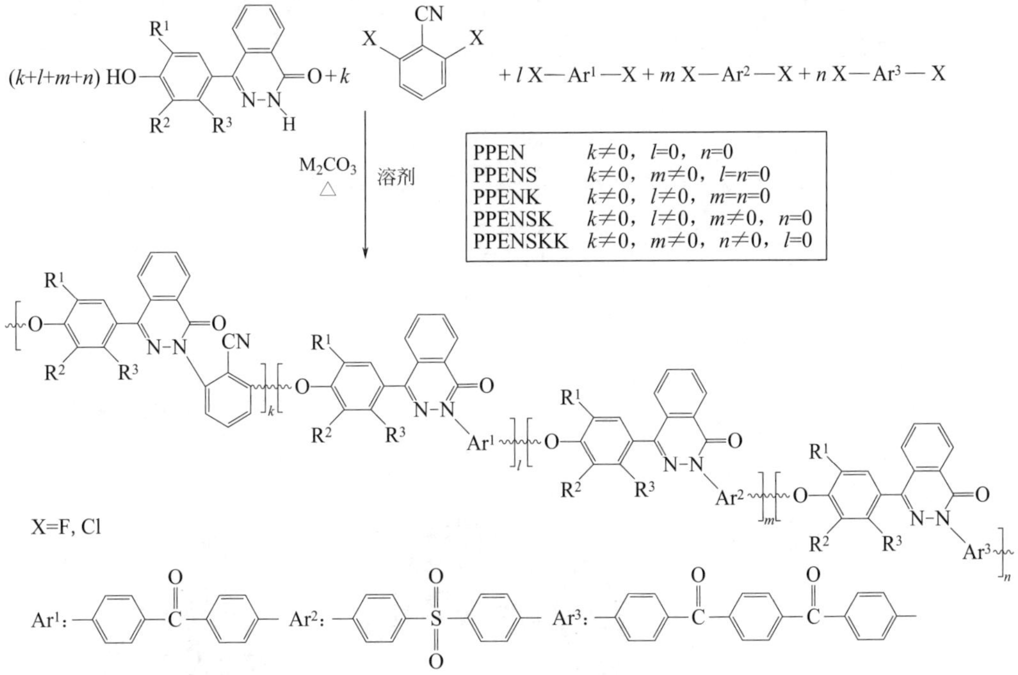

X=F, Cl

4.6.3 结构

二氮杂萘酮结构是杂萘型聚合物的核心结构，在杂萘环的 4 位上引入 4-羟基苯基结构。其苯环与二氮杂萘酮环不在同一个平面上，相互扭曲，从而具有扭曲、非共面的结构特点。

二氮杂萘酮结构是在酰亚胺环基础上引进一个氮原子构成六元环，其化学稳定性优于五元环，虽然 N—N 键离解能较低，但由于杂萘环的共轭稳定性而具有较好的热稳定性，从而既保留了聚酰亚胺的芳香氮杂环耐高温等优异性能，又克服了五元酰亚胺环热水解稳定性差的缺点。苯环与杂萘环不在一个平面上，相互扭曲成一个角度，其角度大小可通过联苯基上的取代基进行调控，使二氮杂萘酮结构具有扭曲、非共平面的空间特殊结构。从反应活性分析，二氮杂萘酮结构的—NH 和—OH 反应活性不同，同时其扭曲非共平面结构特点，使其与双卤单体反应时易形成环化物。而且—NH 和—OH 均显碱性，所以能与卤代苯的衍生物发生亲核取代反应。

二氮杂萘酮结构单体具有特殊的结构和较高的反应活性，因此在高分子结构性能工程塑料和特种工程塑料的制备方面占据了非常重要的地位。二氮杂萘酮结构的引入，一方面能增大分子链中的空间位阻，阻碍分子链的运动；另一方面，会使分子主链发生扭曲，得到的高分子量聚合物分子链易发生缠绕，赋予含此结构的聚合物优异的综合性能，其中耐热性改善最明显。

二氮杂萘酮联苯结构具有全芳香、扭曲非共平面结构，将其引入到聚合分子主链后，使聚合物也具有扭曲非共平面结构，阻碍结晶，利于溶解（图 4.22）。所有的含二氮杂萘酮联苯结构的聚合物都表现出无定形的分子链聚集态结构，只有玻璃化转变温度，没有熔点。

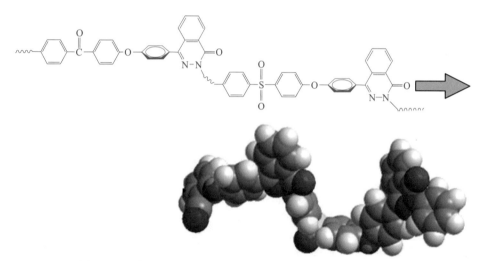

图 4.22　含二氮杂萘酮联苯结构聚芳醚砜酮（PPESK）的
分子链段空间立体结构模拟

4.6.4　性能

表 4.39 所示的含二氮杂萘酮联苯结构聚芳醚砜酮（PPESK）的典型物理性能，与同类产品英国 Victrex 公司的 PEEK 的 450G 牌号的性能对比可见，PPESK 的玻璃化转变温度在 263～305℃可调，砜酮比为 1∶1 的 PPESK 的热变形温度比 PEEK 的高 100℃，在 250℃下的拉伸强度是 PEEK 的 1.5 倍，表现出优异的高温力学性能；可溶解于氯仿、N,N-二甲基乙酰胺（DMAc）、N-甲基吡咯烷酮（NMP）等有机溶剂。

表 4.39　PPESK 典型性能与 PEEK 性能对比

性能		PPESK	PEEK(450G)
玻璃化转变温度(T_g)/℃		263～305	143(T_m=334)
5%热失重起始温度($T_{d5\%}$)(N_2)/℃		>500	>500
热变形温度(1.8MPa)/℃		253(S/K=1∶1)	152
拉伸强度/MPa	室温	90～122	93
	250℃	32(S/K=1∶1)	12
断裂伸长率/%		11～26	50
弯曲强度/MPa		153～172	170
弯曲模量/GPa		2.9～3.3	3.3
介电常数		3.5	3.5
密度/(g/cm³)		1.31～1.34	1.32
溶解性		NMP,DMAc,氯仿	浓硫酸

从表 4.40 所示的含二氮杂萘酮联苯结构聚芳醚腈系列聚合物的性能也表现出类似的结果。无定型的含二氮杂萘酮联苯结构聚芳醚腈类高性能树脂耐热性能远高于同类产品，日本出光兴产的 PEN^{TM}，其玻璃化转变温度（T_g）在 270℃以上，5%热失重温度均高于 500℃，热变形温度高于 270℃，且可溶解于氯仿、二甲基乙酰胺、N-甲基吡咯烷酮等有机溶剂。其性能可通过改变分子结构中砜基、腈基和羰基含量比来调控。与不含氰基的聚芳醚相比，由于强极性氰基侧基引入，带来如下优点：①耐热性、阻燃性、力学强度等均有显著提高；②可利用其氰基进行交联或功能化改性，应用领域更广。

表 4.40　含二氮杂萘酮联苯结构聚芳醚腈典型品种与 PEN^{TM} 主要性能

性能	PPENS (N/S=1∶1)	PPENK (N/K=1∶1)	PPENSK (N/K/S=2∶1∶1)	PEN^{TM}
T_g/℃	301	277	290	T_g=148 T_m=340
$T_{d5\%}$/℃	≥500	≥500	≥500	≥500
热变形温度(1.8MPa)/℃	280	270	275	165
拉伸强度/MPa	90	130	105	132
断裂伸长率/%	10	12	10	10
弯曲强度/MPa	158	194	175	194
弯曲模量/GPa	3.3	3.8	3.5	3.8
氧指数	35	38	38	40
密度/(g/cm³)	1.33	1.32	1.30	1.32
溶解性	NMP,DMAc,氯仿			浓硫酸

含二氮杂萘联苯结构的高性能聚芳醚由于含有独特的全芳环扭曲、非共平面结构，使高分子量聚合物容易发生分子链缠结，而且分子链刚性大，玻璃化转变温度高，使得这类聚合物的熔体黏度较大、熔融温度较高，从而导致热成型加工困难，影响复合材料的成型质量，从而影响复合材料的最终性能，因此需对其进行适当改性。

　　目前，对树脂基体的改性主要有两种方法：一种是共混改性，即将两种或多种聚合物进行共混，并通过控制共混比例等方法制备出满足特定性能要求的共混物。张军等人则主要研究了 PPESK、PPEK 和 PPS 共混物的各种性能，研究结果表明少量加入 PPS 即可明显改善 PPESK 的熔融加工性能，但 PPESK、PPEK 与 PPS 的相容性差，为不相容体系。张欣涛等人采用熔融共混的方法制备了 PPESK/PEN 和 PPESK/PSF 共混物。对共混物的相容性、流变性能、力学和耐热性能进行了系统研究。结果表明共混物均为部分相容体系。PSF 和 PEN 的加入都不同程度改善了 PPESK 的熔融加工流动性。聚醚醚酮（PEEK）是一种半结晶型聚合物，其中，Vicrex 公司的 150G 是一种适合用于薄壁制件的牌号，具有较好的熔体流动性。将 PPESK 与 PEEK 共混改性，结果表明，PPESK/PEEK 共混物在较宽的组成范围内为双连续相结构，当 PEEK 含量增至一定时发生相态翻转，PEEK 的引入一定程度上降低了共混物的熔融加工黏度，但随着 PEEK 添加量增加，共混物的耐热性能降低。

　　另一种是化学改性，即从分子设计的角度出发，通过对聚合物分子链进行设计，并通过切实可行的方法合成出满足特定性能要求的新型聚合物。从分子设计出发，将联苯基元引入到聚芳醚砜酮的分子主链，采用溶液亲核取代逐步缩聚方法，合成了一系列含有杂萘联苯结构和联苯结构的新型共聚芳醚砜酮（PPBESK）四元共聚物。其合成方程式如下图所示。

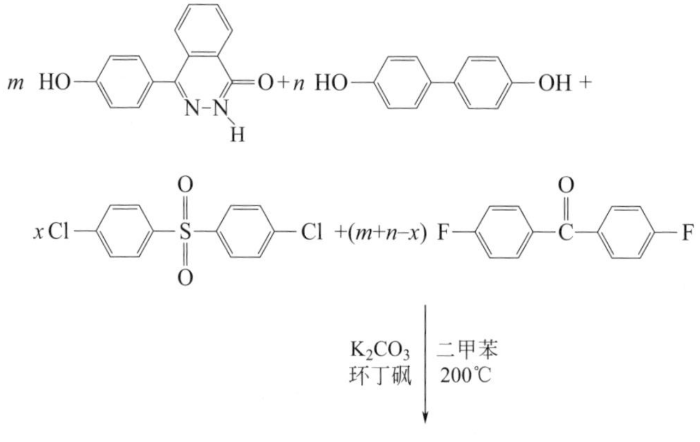

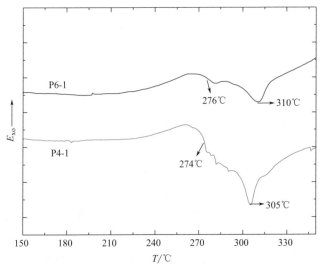

通过红外光谱、核磁共振手段研究表明共聚物的结构与设计一致。通过详细研究合成方法发现，一步投料法，即将所有原料同时加入反应体系，所合成的共聚芳醚砜酮（PPBESK-Ⅰ）在氯仿和 DMAc 中的溶解性欠佳，差示扫描量热（DSC）曲线（图 4.23 所示）表明：300～320℃ 范围内出现了熔点，表明 PPBESK-I 是含有结晶链段的共聚物，T_g 随着二氮杂萘联苯结构含量的增加而提高。

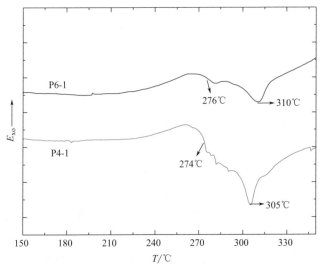

图 4.23　PPBESK-Ⅰ 不同双酚配比的 DSC 曲线

（P4-1 的二氮杂萘酮摩尔分数 40%；P6-1 的二氮杂萘酮摩尔分数 60%）

两步投料法，即 DHPZ 单体、联苯酚单体先与 4,4'-二氯二苯砜单体反应一定时间后，再加入 4,4'-二氟二苯酮单体进行聚合，所合成的四元共聚芳醚砜酮（PPBESK-Ⅱ）可以溶解在氯仿和 DMAc 等非质子性有机溶剂中，广角散射证明 PPBESK-Ⅱ 为无定形结构，GPC 分析结果表明：PPBESK-Ⅱ 分子量随着砜基含量和杂萘联苯结构含量的增加呈现先下降后上升的趋势。DSC 和 TGA 的曲线分析表明：玻璃化转变温度在 252～269℃ 之间，5% 热失重温度均在 480℃ 以上，表明 PPBESK-Ⅱ具有较好的耐热性和热稳定性。动态力学热分析（DMTA）（图4.24）研究表明：PPBESK-Ⅱ具有较高的储能模量，在测试温度区间分别出现了来自小链段的运动产生的小转变峰以及整个大分子主链的自由运动产生的主转变（β转变）峰。此微小的转变峰来自于体系中活性较高的联苯二酚与4,4′二氟酮的聚合链段的自由运动。

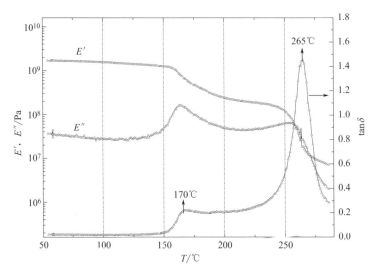

图 4.24　PPBESK 80/20/80/20 的储能模量和损耗模量与温度关系

四元共聚物 PPBESK 哈克流变性能测试表明，不含联苯结构的 PPBESK 在熔融温度 370℃处的密炼扭矩为 62N·m，而含 20％摩尔分数的联苯结构的四元共聚物 PPBESK 在熔融温度 360℃处的密炼扭矩为 23N·m，不但加工温度降低，而且加工扭矩也降低，说明共聚物中引入联苯结构改善了聚合物的熔融加工性。经过双螺杆挤出机挤出时电流和模口压力的变化来考察共聚物的流变性也表明，随着联苯含量在共聚物分子主链中的增加，挤出电流和模口压力越小，挤出物的表面光滑，当共聚物的重均分子量 M_w 在 40000～50000 之间分子量对熔融黏度的影响很小。因此，在实际生产中可以调节双酚单体的配比，在保持优异耐热性能前提下改善共聚物的熔融加工性。

4.6.5　应用

含二氮杂萘酮联苯结构高性能工程塑料既耐高温又可溶解，具有优异的综合性能，在高性能树脂基复合材料、耐高温功能涂料、耐高温绝缘材料（漆、膜和电缆等）、耐高温功能膜等领域具有广阔的前景（见图 4.25）。

采油扶正器　　　　勘探页岩气的桥塞　　　　化工管材

航空止推轴承　　　　　　密封件

图 4.25　含二氮杂萘酮联苯结构聚芳醚基复合材料制备的零部件

连续纤维增强耐高温热塑性树脂基复合材料（简称耐高温热塑性复材）具有高韧性、耐温等级高、成型周期短、预浸料常温存储且无力学寿命周期、易于修复、可回收利用等优异性能，已在航空、航天、武器装备、能源、交通等国家重大战略发展各领域中发挥着至关重要的作用。含二氮杂萘酮联苯结构聚合物有着可溶解的性能特点，以 T700 碳纤维（12K）为增强体，利用溶液浸渍的均匀、充分这一特点，通过溶液预浸、热压成型工艺可制备 PPESK 基单向复合材料。

以 PPESK 为原料研制的 250℃浸渍漆应用于核驱动机构线圈浸漆罐封，所有各项技术指标均满足使用要求，尤其耐辐照性能和耐湿热潮解性能优异，已推广应用于耐高温特种绝缘漆、漆包线、特种电机、干式变压器等领域。以 PPENS 为基料通过挤出工艺研制出油田用耐高温的柔性加热电缆，比钢铠电缆更安全可靠。以高分子量窄分布的 PPENSK 为基体的漆包线，具有优异的耐湿热性能和耐辐照性能，已推广应用于大功率电机、汽车雨刷电机等领域。以高分子量窄分布的 PPENSK 为原料，采用双轴定向拉伸工艺研制成功 PPENSK 特种绝缘膜，表现出优异的隔热、隔湿、隔音的性能，可推广应用于飞机、高铁、电器等诸多领域。采用 PPENSK 为基体研制的玻纤覆铜板具有高耐热、低介电常数、无卤阻燃的优异综合性能。磺化 SPPESK、SPPENK 制备的燃料电池质子交换膜的质子传导性和耐热性能好，且不需外部增湿。

以熔融黏度低的含二氮杂萘酮联苯结构共聚芳醚 BK870 为基体，经短切玻璃纤维增强，研制成功一种可注射成型的 30%玻纤增强复合材料 BK870G30，比相应的 30%玻纤增强 PEEK 复合材料的拉伸强度高 50%，已得到国际著名汽车零配件商德国 BOSCH 公司全面测试考核确认，已在汽车领域推广应用。

以含二氮杂萘酮联苯结构聚芳醚为基体，通过短切碳纤维增强和颗粒填充等，开发成功系列新型的耐高温自润滑耐磨复合材料，其摩擦系数可低至 0.06，与聚四氟乙烯（PTFE）相当，但磨损系数为 7×10^{-16}，比 PTFE 降低 1 个数量级，具有耐高温不易蠕变的优点，已应用于各种密封件、摩擦件。

含二氮杂萘酮联苯结构高性能树脂研制的耐高温高效分离膜种类包括气体分离膜、超滤膜、纳滤膜、反渗透膜，涉及板式膜和中空纤维膜，可用于各种气体分离、工业废水处理和海水淡化等领域，使用温度可达 130℃，且可通过适当提高操作温度同时获得高通量和高截留率，分离性能优于目前被广泛使用的 PSF 膜和纤维素膜等。含二氮杂萘酮联苯结构的聚芳醚腈酮（PPENK）材料综合性能优异，成本较低，且主链上具有活性位点氰基，可进行改性，使之有潜力成为具有较高性价比的骨植入材料。

综上所述，耐高温可溶解的含二氮杂萘酮联苯结构系列高性能工程塑料应用领域广，随着新品种的不断开发与优化，合成工艺及加工技术的进一步改善、成熟和应用，有望不久将来实现高性能工程塑料的低成本、可控制备；新一代高性能工程塑料将性能更好，成本更低，生产规模更大，应用领域更广。

 思考题

1. 分析氟塑料同系物的结构及性能特点。
2. 比较 PSF、 PES 和 PAS 的结构与性能。
3. 列举 PPS 的两种典型合成方法并给出结构反应式。
4. 阐述玻璃纤维增强聚苯硫醚树脂基复合材料的性能特点及应用。
5. 阐述 PAEK 家族材料的结构特点及性能。
6. 阐述碳纤维增强聚醚醚酮树脂基复合材料的性能特点及应用。
7. 热塑性聚酰亚胺有哪些种类？写出它们的结构式。
8. 热固性聚酰亚胺有哪些种类？写出它们的结构式。

参考文献

[1] Jiang Z，Erol O，Chatterjee D，et al. Direct Ink Writing of Polytetrafluoroethylene（PTFE）with Tunable Mechanical Properties［J］. ACS Applied Materials & Interfaces，2019，11（31）.

[2] Ting-Lun Chen，Ching-Yu Huang，et al. Bioinspired Durable Superhydrophobic Surface from a Hierarchically Wrinkled Nanoporous Polymer.［J］ACS Applied Materials & Interfaces 2019

11（43），40875-40885

［3］Gao Y，Li Z，Cheng B，et al. Superhydrophilic poly（p-phenylene sulfide）membrane prepaprep-aration with acid/alkali solution resistance and its usage in oil/water separation［J］. Sep Purif Technol，2018，192：262-270.

［4］Wang C，Li Z，Cheng B. A superhydrophilic and anti-biofouling polyphenylene sulfide microporous membrane with quaternary ammonium salts［J］. Macromol Res，2018，26，800-807.

［5］Electrostatic Assembly of a Titanium Dioxide@Hydrophilic Poly（phenylene sulfide）Porous Membrane with Enhanced Wetting Selectivity for Separation of Strongly Corrosive Oil-Water Emulsions［J］. ACS Applied Materials & Interfaces，2019，11（38）：35479-35487.

［6］Panayotov I V，Orti V，Cuisinier F，et al. Polyetheretherketone（PEEK）for medical applications［J］. Journal of Materials Science：Materials in Medicine，2016，27（7）：118.

［7］李学宽，肇研，王凯，等. 热熔法制备连续纤维增强热塑性预浸料的浸渍模型和研究进展［J］. 航空制造技术，2018，61（14）：74-78.

［8］Jie Yin，Qiuyang Han，et al. MXene-Based Hydrogels Endow Polyetheretherketone with Effective Osteogenicity and Combined Treatment of Osteosarcoma and Bacterial Infection［J］. ACS Applied Materials & Interfaces，2020，12，41，45891-45903.

［9］Chunrui Lu，Jian Wang，Xue Lu，et al. Wettability and Interfacial Properties of Carbon Fiber and Poly（ether ether ketone）Fiber Hybrid Composite［J］. ACS Applied Materials & Interfaces，2019，11，34，31520-31531.

［10］Li X，Wang J，Zhao Y，et al. Template-Free Self-Assembly of Fluorine-Free Hydrophobic Polyimide Aerogels with Lotus or Petal Effect［J］. Acs Applied Materials & Interfaces，2018，10（19）：16901-16910.

［11］Gofman I，Nikolaeva A，Yakimansky A，et al. Unexpected selective enhancement of the thermal stability of aromatic polyimide materials by cerium dioxide nanoparticles［J］. Polymers for Advanced Technologies，2019，30（64）.

［12］Wei C，Qi C，Lin L，et al. One-step fabrication of recyclable polyimide nanofiltration membranes with high selectivity and performance stability by a phase inversion-based process［J］. Journal of Materials Science，2018，53（15）：11104-11115.

［13］Yang H，Liu S，Cao L，et al. Superlithiation of non-conductive polyimide toward high-performance lithium-ion batteries［J］. Journal of Materials Chemistry A，2018，6（42）.

［14］Kim J S，Choi M C，Jeong K M，et al. Enhanced interaction in the polyimide/sepiolite hybrid films via acid activating and polydopamine coating of sepiolite［J］. Polymers for Advanced Technologies，2018，29（2）.

［15］Yi Cui，Jiayu Wan，et al. A Fireproof，Lightweight，Polymer-Polymer Solid-State Electrolyte for Safe Lithium Batteries［J］. Nano Letters 2020，20（3），1686-1692

［16］Jun Young Cheong，Mahsa Mafi，et al. Ultralight，Structurally Stable Electrospun Sponges with Tailored Hydrophilicity as a Novel Material Platform［J］. ACS Applied Materials and Interfaces，2020，12（15）：18002-18011.

［17］蹇锡高，王锦艳. 含二氮杂萘酮联苯结构高性能工程塑料研究进展［J］. 中国材料进展，2012，31

（02）: 16-23+ 15.

[18] Hu F. Y. , Zhang T. P. , Wang J. Y. , et al. Constructing N, O-containing micro/mesoporous
covalent triazine-based frameworks toward a detailed analysis of the combined effect of N,
O heteroatoms on electrochemical performance. Nano Energy 74 （2020） 104789.

[19] Liu W, Wang H, Liu C, et al. RhBMP-2 immobilized on poly（phthalazinone ether nitrile ke-
tone） via chemical and physical modification for promoting in vitro osteogenic differentia-
tion [J] . Colloids and Surfaces B: Biointerfaces. 2020, 194: 111173.

[20] Liu C, Li Y, Wang J, et al. Improving Hydrophilicity and Inducing Bone-Like Apatite Forma-
tion on PPBES by Polydopamine Coating for Biomedical Application [J] . Molecules. 2018,
23（7）: 1643